KB082586

내 아이
살리는 잔소리
죽이는 잔소리

엄마의 서재 · 10

아이의 그릇을 키우는 43가지 비결

내 아이 살리는 잔소리 죽이는 잔소리

정재영 × 이서진 지음

센시오

아이에게 약이 되는 잔소리, 독이 되는 잔소리가 따로 있다!

"얼른 안 일어나? 오늘도 또 지각하겠네!"

"식탁 앞에서 무슨 핸드폰이야? 얼른 먹고 씻어!"

아침에 아이를 깨우고 밥을 먹이고 학교에 보내는 잠깐 동안에도 부모는 수십 번 잔소리를 한다. 몇 시간 동안 쏟아내는 잔소리가 이 정도인데 아이가 성인이 될 때까지 부모는 얼마나 많은 잔소리를 아이에게 하게 될까? 파도 소리가 없으면 해변이 아니듯, 잔소리가 없는 육아 현장은 아마도 없을 것이다.

잔소리를 정의하자면 '필요 이상으로 긴 사소한 충고나 지시'라고 할 수 있다. 부모 입장에서 잔소리는 '이것만큼은 아이에게 꼭 전달해야 할 중요한 메시지'겠지만 아이 입장에서는 별로 듣고 싶지 않은, 혹은 들을수록 짜증만 나는 소리가 되기 십상이다. 부모는 억울하고 속상하다. 그렇다고 안 할 수도 없다. 잔소리를 멈추면 아이가 망가지기라도 할 것만 같아서다. 그래서 오늘도 아침이 시작되면서부터 밤에 잠들기까지 꿋꿋이 잔소리를 한다.

여기서 한 가지 궁금증이 생긴다. 도대체 '잔소리'라는 것을 '잘'할 방도가 있을까? 백 번을 반복해도 귓등으로 스치는 잔소리가 아니라 아이 귀에 쏙 들리고, 아이 마음에 확 와닿는 잔소리도 있을까? 아이에게 족히 10만 번은 잔소리를 해본 우리 부부가 우리 스스로를 끈질기게 돌아보고 주변을 관찰하면서 분석한 결과를 토대로 답하자면, 아이에게 약이 되는 잔소리와 독이 되는 잔소리가 분명 따로 있다.

무엇이 그 차이를 만들어내느냐를 알려면, 먼저 부모가 왜 잔소리를 하는지 그 이유에 대해서 생각해 보아야 한다.

잔소리의 원인은 크게 '보이는 것'과 '보이지 않는 것'으로 나눌 수 있다. 잔소리의 보이는 원인은 비교적 단순한 데 비해, 보이지 않는 원인은 좀 더 다양하고 복잡하다.

[잔소리의 '보이는' 원인]

아이의 위험한 행동	높은 곳에 올라가기, 뜨거운 것 만지기 등
아이의 잘못된 행동	사회 규범에 어긋나는 행동

[잔소리의 '보이지 않는' 원인]

부모의 자책감	자신이 부족한 부모라는 자의식
부모의 권위의식	자녀를 엄격히 통제하려는 욕심
부모의 우월감	자신만이 진리를 알고 있다는 믿음
부모의 어린 시절 상처	부모가 어릴 때 겪은 아픈 경험의 기억
부모의 원망	부모의 희생을 자녀가 몰라준다는 원망
부모의 불안감	자녀의 대입에 대한 과도한 걱정
부모의 성급한 마음	자녀를 단번에 고쳐야 한다는 강박
부모의 비현실적 기대	자녀에 대한 부적절한 기대감

이렇듯 잔소리의 '보이지 않는 원인'은 부모에게서 비롯된다. 많은 부모들은 자신은 잔소리를 절대 하고 싶지 않은데 아이가 그렇게 만든다고 생각한다. 하지만 마음의 회로를 조금만 분석해 보면 금방 알 수 있다. 눈에 보이지 않을 뿐이지 실은 부모 자신이 잔소리의 주된 원인이라는 것을. 부모의 자책감에

서 시작해 자신이 받은 상처, 자녀에 대한 비현실적 기대, 우월감, 불안감, 조급함, 권위의식 등 부모 내면의 수많은 원인과 심리가 모두 잔소리의 무한 동력이 되는 것이다.

아이를 변화시키는 똑똑한 잔소리를 하려면

따라서 어떻게 잔소리를 할 것인가 하는 방법론을 배우기 전에 부모의 내면을 먼저 들여다봐야 한다. 자신을 위해서는 물론이고, 무엇보다 아이를 위해서 그렇다. 내면의 문제가 치유되지 않은 부모는 아이에게 날카로운 말을 퍼붓고 자신의 불안과 조급함을 내비쳐 아이의 정서에 안 좋은 영향을 미친다. 따라서 잔소리 잘하는 능력을 키우려면 무엇보다 부모 마음속에 감춰진 잔소리의 주된 원인을 점검해야 한다. 아이에게 고정된 시선을 나의 내부로 돌려야 한다는 뜻이다. 우리 안의 원인을 정제하고 다스리고 가라앉힐 때 아이를 향한 잔소리는 맑은 소리를 낸다.

자기 자신의 내면을 투명하게 들여다보고 그것을 치유할 힘을 길렀다면 이제 잔소리의 말기술을 익혀야 한다. '아' 다르고 '어' 다르다는 말이 있듯이, 같은 말이라도 어떻게 하느냐, 어떤 태도로 하느냐에 따라 아이들은 천지 차이로 받아들인다. 그런

면에서 '잔소리의 기술'은 '대화의 기술' 또는 '화법의 기술'이라고도 할 수 있다.

아이와 부모의 대화는 어른들 간의 대화와는 다른 양상을 보인다. 부모는 흔히 아이보다 높은 위치에 서 있다고 느끼기 때문이다. 아이는 교육을 받는 '대상'이고 부모는 교육하는 '주체'가 되기 때문에 일방적인 명령이나 지시가 가능하다고 여긴다. 그러다 보니 아이가 부모의 생각이나 바람과는 다른 반응을 보이면 강압적으로 대하기 쉽다. 아이를 나와 동등한 대화 상대, 자기 주관과 가치관을 가진 독립적인 주체라고 생각한다면 거친 잔소리, 나쁜 잔소리는 훨씬 줄어든다. 즉 대화의 방법 자체가 달라진다.

아이를 살리는 잔소리, 똑똑하고 힘 있는 잔소리를 할 때 부모가 전하고 싶은 메시지가 아이들에게 가만히 가닿는다. 방바닥 무늬를 헤아리며 아무렇게나 흘려듣는 잔소리가 아니라, 귀를 열고 마음에 차근차근 담는 잔소리가 된다. 그럴 때 아이에게서 긍정적인 변화가 일어난다.

좋은 잔소리의 여덟 가지 기술

그렇다면 어떤 잔소리가 좋은 잔소리일까? 어떻게 잔소리를 해야 아이들이 짜증 내지 않고 잔소리를 받아들일 수 있을까? 잔소리의 여덟 가지 기술은 다음과 같다.

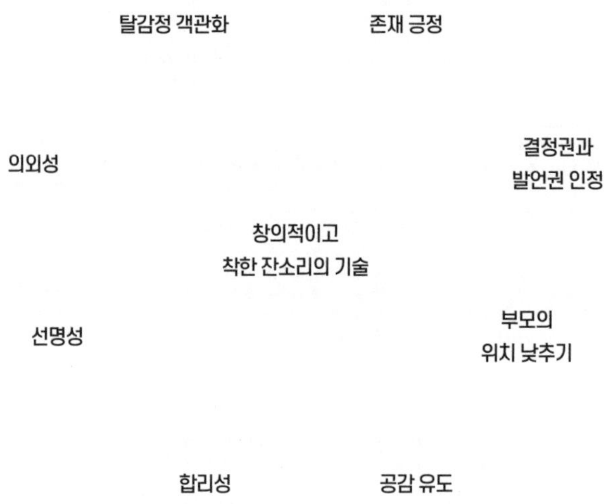

탈감정 객관화
존재 긍정
의외성
결정권과 발언권 인정
창의적이고 착한 잔소리의 기술
선명성
부모의 위치 낮추기
합리성
공감 유도

첫째, 아이의 존재를 긍정해야 한다. 아이의 존재를 인정하고 긍정하지 않는 잔소리는 고문이나 비난처럼 아이를 괴롭힌다. 아이의 잘못을 지적하고 훈계할 수는 있지만 잘못을 저질렀다고 아이의 존재 자체를 부정해서는 안 된다. "너는 그래서 문제야." "너는 정말 희망이 없어." "넌 진짜 구제불능이야." 이런 비난은 아이에게 생채기를 낸다. 아이의 자존감을 깎아내리는 말이다.

자신의 존재를 부정당하고 인정받지 못하는 아이가 어떻게 자신감을 가지고 성장할 수 있겠는가. 아이가 잘못을 저지르거나 실수했을 때 "괜찮아. 그 정도 실수는 누구나 할 수 있어."라고 먼저 위로의 말을 건네야 한다. 그래야 아이도 자신의 잘못을 더 신중히 되돌아본다.

둘째, 아이의 결정권과 발언권을 인정해 주어야 한다. 부모가 일방적으로 결정하고 강요하면 아이는 거부감을 느낀다. 인간은 누구나 자율적이고 독립적인 존재가 되려는 본능이 있는데, 그 본능이 꺾이기 때문이다. 아이가 스스로 결정하고 수행할 수 있는 기회를 자주 허용해야 한다.

"하루에 게임은 몇 시간 하는 게 좋을지 네가 정해 봐." "학교 숙제는 몇 시부터 시작하는 게 좋을까?"라고 물어보는 게 좋다. 아이의 결정이 합리적이고 효율적이지 않다는 생각이 든다면 아이와 다시 의논해야 한다. 그 과정에서 아이는 자신의 선택과 결정이 잘못되었음을 느끼고 다시 길을 찾는다.

셋째, 부모의 위치를 스스로 낮춰야 한다. 아이와 동등한 조건에서 얘기하는 것이다. "엄마도 그런 건 무서워."라거나 "아빠도 똑똑한 아이는 아니었어."라고 고백할 수 있다면 아이는 부모에게 한결 더 깊은 친밀감을 느끼고 편안하게 대화를 시작할 수 있다. 권위를 낮추는 일도 필요하다. 아이 위에 군림하는 높은 위치에서 내려오는 것이다. 이를테면 "대화할 때 아빠랑 너는 동등해. 그러니까 아빠가 잘못된 점이 있다면 얼마든지 지적해도 좋아."라고 말하는 것이다. 이런 말을 듣는 아이들은 더 자유롭게 생각하고 자신의 의견을 솔직하고 자신 있게 말하는 당당한 아이가 된다.

넷째, 아이가 부모의 말에 공감하도록 해야 한다. 공감은 상대의 입장에서 생각하는 태도다. 상대의 사정, 어려움, 기쁨, 슬픔을 깊이 이해하는 게 공감이다. 부모가 솔직하고 겸허하게 설명하면 아이는 공감해 준다. "엄마 아빠로 사는 게 쉬운 일은 아니야."라거나 "엄마 아빠는 오늘 네 행동 때문에 많이 슬퍼."라고 솔직하게 말하는 것이다. 문제가 생겼을 때 야단부터 칠 게 아니라 부모의 상황과 심경을 진솔하게 설명하고 표현하면 놀랍게도 아이들은 부모의 마음에 공감하고 부모를 따라와 준다.

다섯째, 잔소리는 합리적이어야 한다. 근거가 있고 논리적이어야 한다는 뜻이다. 이치에 맞아야 아이를 설득할 수 있다. 반대로 근거도 없고 논리에도 맞지 않는 억지소리, 감정에만 치우친 하소연은 아이의 반발심을 끌어낼 뿐 효용이 없다. "너는 친구 앞에서는 그렇게 말을 잘하면서 왜 엄마 앞에서는 입을 닫아버리니?"라고 다그치는 부모들이 있다. 비합리적인 잔소리다. 부모와 대화하기 불편하니까 태도가 다른 것이다. 잘못은 부모에게 있는데 아이를 탓한다면 어떤 아이가 수긍하겠는가. 아이와 대화하고 싶다면 먼저 대화가 통하는 부모가 되어야 한다. '어른 말 잘 들어야 착한 사람이야.'라는 낡은 교훈은 버려야 한다.

여섯째, 잔소리는 선명해야 한다. 메시지가 뚜렷해야 한다. 스토리텔링을 하거나 비유법을 쓰면 도움이 된다. 적절한 단어를 고르는 것도 중요하다. 그리고 부모가 무엇을 원하는지 짧게 말하는 게 좋다. 지적하고 싶은 게 열 가지라도 가장 시급하게 개선해야 할 점 한 가지만 전달하면 잔소리의 효과가 커진다. 모호한 단어를 장황하게 늘어놓는 잔소리는 흐릿해서 아이를 설득하기 어렵다.

일곱째, 의외성을 갖추면 좋다. 영화나 만화 또는 소설이 뜻밖의 전개를 보여주면 사람들은 훨씬 더 집중한다. 잔소리도 예상 밖으로 전개될 때 아이의 눈과 귀를 잡아끈다. "너는 진짜 엄마를 힘들게 한다. 도대체 무슨 생각인지 모르겠어."라고 말하기보다 "너는 엄마랑 참 달라서 힘든 부분도 있지만 덕분에 엄마는 많은 걸 깨닫고 있어."라고 말하면 어떨까? 아이 입장에서는 의외의 발언이다. 뻔한 잔소리를 예상했던 아이에게 의외성을 줌으로써 아이가 그 말을 다시 한번 되새길 수 있어 잔소리의 효용성이 높다.

여덟째, 감정에서 빠져나와 객관화할 줄 알아야 한다. 분노나 슬픔 없이 상황을 평가한 후 잔소리를 해야 한다. 제삼자가 되어 그 상황을 좀 더 객관적으로 바라볼 수 있어야 한다. 물론 쉽지는 않다. 인간은 감정의 동물이며 아이를 키운다는 것은 감정 노동이기 때문이다. 그렇기 때문에 더욱더 주관적 감정에 빠져들지 않게 경계해야 한다.

잔소리와 후회의 사이클 속에 갇힌 부모들에게

아이들이 부모의 잔소리에 넌더리를 낸다면 잔소리의 방법이 잘못됐기 때문이다. 좋은 잔소리는 갈등과 상처와 후회를 줄인다. 게다가 재미도 있다. 아이의 마음을 움직이는 재미, 아이와 가까워지는 재미, 더 좋은 부모로 성장하는 자신을 바라보는 재미가 생긴다.

이 책은 아이를 살리는 잔소리의 기술에 대해 이야기한다. 이왕 해야 하는 잔소리라면 제대로 해보자는 것이다. 또한 아이를 죽이는 잔소리를 똑바로 알고 고치도록 돕고자 한다. 그래야만 아이가 제대로 피어나기도 전에 시들게 만드는 우를 범하지 않는다.

그러기 위해서는 아이에게 향해 있는 손가락을 부모 자신에게로 돌려야 한다. 부모 내면에 잠재되어 있는 콤플렉스, 상처, 털어놓지 못한 아픔을 다독이고 해결해야 좋은 잔소리를 할 수 있다. 따라서 1장과 2장에서는 아이에게 모진 잔소리를 내뱉는 부모의 마음속 원인들을 여덟 가지 항목으로 나누어 살펴보고, 이 문제들을 어떻게 해결해야 할지 이야기를 나눈다. 잔소리를 하기 전에 부모의 마음을 워밍업하는 '이론편'이라고 할 수 있다.

그다음에는 잔소리 기술을 3장부터 10장으로 나누어 소개한다. 아이의 마음과 행동을 바꾸는 잔소리 '실전편'이라고 할 수 있는데, 이 여덟 개의 장에서는 40여 개의 상황을 제시하여 구체적이고 현실적인 조언을 제시한다. 이 책을 읽는 부모들은 책 속에 제시된 여러 상황을 통해 아이들과 갈등 관계에 놓였을 때 어떻게 문제를 해결해야 하는지 도움을 받을 수 있을 것이다.

우리 부부가 이 책을 쓰면서 가장 중점을 두었던 부분은 '공감'과 '변화'였다. 이 책을 읽는 독자들이 책 속에 제시된 상황에 공감하고 수긍한 뒤 스스로 변화하는 것이 우리의 바람이었다. 아내와 내가 아이를 기르면서 겪었던 수많은 시행착오를 공유함으로써 지금도 육아 현장에서 후회와 고통을 반복하는 부모들을 위로하고, 그 공감의 연대 위에서 조금씩 변화하기를 바랐다.

지나고 나면 보이는 것들이 당시에는 잘 보이지 않는다. 육아 선배라면 선배랄 수 있는 우리 부부의 경험이 잔소리와 후회의 사이클 안에 갇힌 부모들에게 조금의 도움이 된다면 더 바랄 게 없을 듯하다.

2023년 5월

정재영, 이서진

차례

서문

아이를 살리는 잔소리, 이런 부모가 할 수 있다

아이 마음이 단단하고 따스해지는 잔소리

3장 아이 마음이 밝아지는 잔소리

4장 아이 마음이 튼튼해지는 잔소리

5장 아이가 감동하는 잔소리

6장 아이가 부모를 사랑하게 되는 잔소리

아이의 태도와 행동이 스스로 달라지는 잔소리

7장 아이의 성장을 돕는 잔소리

8장 아이의 생활 태도를 바꾸는 잔소리

9장 아이를 적극적으로 바꾸는 잔소리

10장 아이의 언행을 바꾸는 잔소리

1부

아이를 살리는 잔소리,
이런 부모가 할 수 있다

1장

부모의 마음속 상처가 나쁜 잔소리를 뱉는다

자신을 긍정하는 부모가 아픈 말을 하지 않는다

아이가 여덟 살쯤 되던 어느 여름날이었다. 아내는 육아 좌절감에 빠져 몹시 괴로워하고 있었다. 오후에만 여러 번 아이를 아프게 대했다. 넘어가도 될 트집을 잡아서 야단 치고 아이가 열심히 종알거려도 차갑게 외면했다. 아이가 잘못을 했던 건 아니다. 엄마의 마음이 괴로웠던 게 원인이었다.

그날 오전에 이웃에 사는 엄마를 만나 이야기를 나눈 것이 문제였다. 동네에서 선망받던 그 엄마는 그날따라 더 완벽해 보였고, 그게 아내에게 큰 좌절감을 주었던 것이다. 그 엄마는 아이가 너무 원해서 강아지를 입양했고 예전부터 벼르고 있던 옷을 드디어 아이에게 사줬다고 말했다. 물론 굉장히 비싼 옷이었다. 그 엄마가 경제적으로 풍요롭게 산다는 건 이미 알고 있던 터라 크게 마음이 쓰이진 않았지만, 그 엄마의 높은 지적 수준에 위축이 됐다고 한다. 그 엄마는 아이가 질문을 하면 대답 못하는 문제가 없었고, 아이가 떼를 쓰고 고집을 부려도 좀처럼 화를 내지 않았다. 논리적이고 차분하게 설명하고 이끌면서 아이를 설득했다. 게다가 해외 유학까지 다녀와서 영어 실력도 뛰어났다.

아내는 다른 사람과 자신을 비교해 가며 좌절감을 느끼는 스타일이 아닌데도 그날은 무척이나 힘들었던 모양이다. 그날따라 이웃집 엄마가 유난히 눈부셔 보였고, 특별히 반짝여 보였다. 그리고 자신이 부끄러웠다. 내세울 것 없는 초라한 엄마라는 생각이 들었다.

공부를 아무리 해봐야 소용없다고 느끼면 책을 집어 던지게 된다. 마찬가지로 아무리 해도 육아를 잘할 수 없을 것 같다는 좌절감이 들면 육아가 싫어진다. 아내도 그날 그런 기분이 들었다. 그래서 별일도 아닌데 아이에게 짜증을 내고 아이를 야단치고 냉대했던 것이다.

하지만 아내도 엄마였다. 엄마들의 짜증은 오래가지 못한다. 아이에게 금방 미안한 마음이 들어서다. 아이에게 큰 상처를 주었다는 걱정에 아내는 아이에게 사과를 했다.

"엄마가 오늘 화 많이 내서 미안해."

아내는 아이에게 '괜찮다'는 말을 듣고 싶었는데 아이의 대답은 의외였다.

"아니에요, 엄마. 오늘 엄마가 간식도 만들어줬고 세 번이나 안아줬잖아요. 고마워요, 엄마."

덤덤한 목소리로 이렇게 말하는 아이에게 아내는 큰 감동을 받았다. 미안한 감정이 더 커지기보다는 한순간 미안한 마음이 사라졌다. 기분이 좋아졌다. 엄마의 사과를 받아주는 걸 넘어서서 엄마를 기쁘게 해준 말이었기 때문이다. 아이의 말에 아내는 자신이 나쁜 엄마는 아니라는 생각이 들었고, 더 좋은 엄마가 될 수 있다는 희망도 느꼈다고 한다. 그런 자기긍정이 마음의 색깔을 바꾼 것이다. 이렇듯 육아란 일방적인 행위가 아니다. 엄마가 아이를 돌보고, 때로는 아이가 엄마의 마음을 돌본다. 아이는 엄마가 터뜨린 신경질의 파편에 맞아 울기도 하지만 가끔은 그 파편에 엄마가 맞지 않도록 엄마를 껴안아 구해주기도 한다.

자신을 좋아하는 사람은 너그럽다. 반면 자신을 싫어하는 사람은 미움이 많다. 그러니까 아이에게 자주 화내고 나쁜 잔소리를 하는 부모라면 가장 먼저 자신에 대한 미움을 멈춰야 한다.

부모는 어떨 때 자신이 싫을까? 자신이 무능력하고 자격 없는 부모라는 생각이 들면 그렇다. 아이의 꿈을 지원해 줄 경제력이 없고 아이의 마음을 키워줄 지혜와 평정심마저 없다는 걸 자각하면 자신이 너무 싫다. 그런 자기 미움은 마음속에 차곡차곡 쌓이다가 결국 화산처럼 폭발해서 사랑하는 아이까지 화상을 입히고 만다.

자신을 싫어하는 부모는 좋은 부모가 될 수 없다. 자신을 사랑해야 좋은 부모가 될 수 있다. 자신을 사랑하는 방법은 많겠지만 그중 하나가 육아를 할 때 매일 작은 보람을 찾는 것이다.

간식을 해줬더니 우리 아이가 너무 기뻐했어.

오늘은 아이를 많이 안아줬어.

오늘 아이가 많이 웃었어.

아이에게 예쁜 옷을 입히고 사진을 찍어줬어.

식사 준비를 하는 동안 아이가 혼자 놀면서 기다려줬어.

자세히 보지 않으면 눈에 잘 띄지 않는 미세한 기쁨들이다. 하지만 그렇게 작은 마음이 쌓이다 보면 '행복한 인생'이라는 큰 산을 만든다. 그러나 그런 작은 기쁨들이 저절로 이뤄지지는 않는다. 부모가 정성과 사랑의 에너지를 주지 않으면 아이가 잠깐 웃는 것도 쉽지 않다. 물론 아이들에게 더 큰 것을 줄 수 있는 부모도 있을 것이다. 아이들을 지혜롭게 가르치고, 무한한 인내심으로 아이를 대하며, 유창하게 외국어를 가르치는 부모도 물론 훌륭하다. 그러나 과연 그런 부모가 얼마나 될까? 설령 그런 부모가 있다 한들 그들 또한 내면에서는 절망감이나 실망감과 끝없이 싸우고 있을 것이다.

육아를 하는 데 다른 사람과 비교하는 것만큼 어리석은 일도 없다. 다른 사람의 육아에 신경 쓰고 그들을 부러워할 이유가 없다. 자기 나름의 작은 성취를 찾아서 의미를 부여하면 된다. 남들은 비웃을지 모르지만 작고 귀여운 행복은 삶의 곳곳에 허다하다. 어제보다 더 예뻐진 아이의 글씨, 혼자 세수하고 깨끗해진 아이 얼굴, 엄마가 해준 요리를 맛있게 먹는 아이 등 작지만 마음 뜨거운 보람을 느끼는 순간은 너무나 많다. 그런 것들이 부모의 노력으로 이룬 작은 성과라고 생각하면 누구나 자신을 사랑하는 부모가 된다. 부모라는 자격에 자신감과 자부심이 생기면 분노하고 야단치고 아픈 잔소리를 퍼붓는 행위처럼 나쁜 육아법을 멀리할 수 있다.

자신을 좋아하게 되는 또 다른 기술도 있다. '자기 이탈 위로법'이다. 자신에게서 빠져나와 객관적으로 자신을 바라보며 스스로를 위로하는 것이다. 분노, 좌절감, 짜증 때문에 아이에게 실수를 한 후에 특히 유용하다. 친구를 위로하듯이 자신을 대하면 된다.

'오늘은 비록 실수를 했지만 최선을 다하고 있으니 괜찮아. 아이를 키우는 데 평정심을 유지하기가 어디 쉬운 일이야? 다음에는 오늘 보다 짜증을 덜 부리면 되는 거야. 그러다 보면 조금씩 나아져.'

자신에게 이렇게 말해주는 것이다. 가장 소중한 친구를 위로할 때처럼 무조건 지지해 주고 격려해 주는 것이다. 그러고 나면 내가 안쓰럽고 대견하고 사랑스러워진다. 남편이나 아내가 서로를 위로해 준다면 더할 나위 없지만 현실 부부에게는 쉽지 않다. 누구에게 바라지 말고 스스로 자신을 위로하는 것이 더 빠르고 간편하다.

부모가 자신을 좋아하게 만드는 또 다른 방법은 '나의 미래 영향력 상상하기'다. 아이의 미래를 상상해 보자. 내가 아이에게 말하는 방식대로 아이는 친구들에게 말할 것이다. 내가 지금 아이를 위로하는 방식으로 아이는 미래의 연인을 다독일 것이다. 내가 보이는 미소를 아이는 다른 사람에게 보여줄 것이다. 한 세대의 부모가 보여주는 육아는 수백 년 동안 영향을 미친다. 부모에게서 아이로, 그 아이에게서 그 아이의 아이로, 그 아이가 상대하는 모든 사람들에게로. 내가 아이와 이어지는 수백 수천 명의 관계에 영향을 끼치는 것이다.

부모는 그렇게 크고 중요한 일을 하는 사람이다. 그렇게 상상하고 나면 자부심과 책임감이 커진다. 함부로 행동하거나 말하지 않으려고 스스로 제어하게 된다. 이런 미래의 영향력을 생각하는 부모가 더 좋은 부모가 된다.

자신에게 불만과 화가 많은 부모는 예민한 지뢰밭이다. 깃털 하나만 닿아도 폭발해서 아이를 다치게 한다. 반면 자신을 긍정하는 부모는 드넓은 풀밭이다. 아이가 맘껏 뛰놀 수 있는 안전하고 포근한 환경이 된다.

결국 자기긍정이 부모의 의무다. 그런데 이 중요한 걸 우리 부부도 아이를 키울 때는 몰랐다. 반대로 자신을 부정하고 자책해야 더 좋은 부모인 줄 알았다.

물론 자책을 전혀 하지 않으면서 아이를 기르는 건 불가능에 가깝다. 육아는 자신의 인간적 결핍을 매일 확인하는 과정이기에 자기긍정이 무척 어렵다. 하지만 기억해야 할 것 같다. 자신의 결점을 보는 부모의 눈은 전자현미경이다. 자신의 잘못을 극적으로 과장하는 경향이 있는 것이다. 반대로 자신의 장점은 축소한다. 그래서 육아의 작은 보람을 보지 못한다. 아이에게 오늘 끼치고 있으며 먼 미래까지 지속될 자신의 긍정적 영향력도 느끼지 못한다.

자신을 미워하면 나쁜 부모가 된다. 자신을 긍정할수록 더 착한 부모가 된다. 단점과 결점이 많았지만 자신을 더 좋아했다면 우리 부부도 더 좋은 부모가 되었을 것 같다.

권위를 내려놓으면 잔소리가 부드러워진다

부모가 되어야 누리는 기쁨이 있다. 부모의 권력이 바로 그 기쁨이다. 부모는 자신이 원하는 방향으로 말하고 행동하도록 아이를 이끌 수 있다. 자신의 말을 따르는 아이를 보면 기분이 좋아지고 아이가 뜻대로 자라주는 것 같아 희망이 샘솟는다. 하지만 부모가 이 권력을 잘못 쓰면 문제가 생긴다. 부모는 대여섯 살 아이에게도 이런 말을 쉽게 한다.

"왜 엄마 말을 안 들어? 그럼 나쁜 아이야. 엄만 너무 속상해."

"아빠가 저번에 뭐라고 했지? 아빠가 한 말 벌써 잊었어?"

누가 들어도 듣기 싫은 이런 말을 부모들은 왜 자주 할까? 아이의 옳지 않은 행동을 고치려는 교육적 동기도 있겠지만, 자신의 지시를 따르지 않는 게 싫어서이기도 하다. 자기의 생각과 의지를 관철시키려는 욕심, 즉 권력 욕심이 순종을 요구하는 잔소리를 하게 되는 것이다.

이런 잔소리를 자주 듣고 자란 아이는 자율성이 침해된다. 더불어 부모에게 무조건 복종하는 굴욕감도 감수한다. 결국 아이는 독립적이고 자유롭게 자랄 기회를 잃게 된다. 물론 부모에게 적당한 권력이나 권한은 필요하다. 부모가 자녀 교육의 주체이기 때문이다. 하지만 아이가 자랄수록 그 권력은 서서히 내려놓아야 한다. 아이는 교육의 대상이기도 하지만, 동시에 자율적인 인격체이기 때문이다.

권력 욕심은 부모 자신에게도 해롭다. 아이에게 부모의 권력을 지나치게 강요하면 언젠가는 아이와의 관계가 틀어지고 만다. 특히 아이가 사춘기에 접어들었을 때 그렇다. 아이가 사춘기에 접어들었는지 아닌지는 아이보다 부모 자신의 행동과 말을 살펴보면 알 수 있다. 만약 강요와 복종을 요구하는 잔소리가 급격히 늘었다면 아이가 사춘기에 접어들었다고 보면 된다. 예를 들어 아래와 같은 잔소리가 그 지표다.

"너 왜 시키는 대로 안 해? 그렇게 엄마 말 잘 듣던 애가 도대체 왜 이래?"

"몇 번을 말해야 알아들어? 이젠 엄마 말이 우스워?"

예전에는 착하고 말 잘 듣던 아이가 갑자기 부모 말을 귓등으로도 안 듣거나 대드는 일이 잦아지면 부모는 놀라서 이렇게 아이를 다그친다. 부모의 그런 외침이 반복되어도 아이가 요지부동이라면 확실하다. 아이는 사춘기에 발을 디딘 것이다. 자율성과 독립성의 감미로움을 알아버려서 다시는 순종할 수 없게 된 것이다. 이럴 때 많은 부모는 실수를 한다. 불가능한 것을 원하는 것이다. 반항하는 아이를 순종적인 아이로 되돌릴 수 있다고 믿고 대결에 나선다.

나도 그랬다. 중학생이 된 아이가 부쩍 부모 말을 무시하고 거부하기 시작하자 나는 아이를 예전처럼 되돌리고 싶었다. 착하고 순종적이었던 예전의 그 아이로 말이다. 그래서 내가 선택한 방법은 겁을 주는 것이었다. 으르렁거리며 아이에게 으름장을 놓아서 다시는 반항하지 못하게 만들 심산이었던 것이다. 고릴라처럼 눈을 부라리고 코를 벌름거리며 입을 최대한 크게 벌려 아이에게 소리를 질렀다. 성난 코뿔소처럼 아이를 향해 달려들며 마치 공격할 듯한 태도를 취하기도 했다. 물론 아이를 실제로 때리지는 않았다. 휴대전화나 컴퓨터 같은 비싼 물건을 부수지도 않았다. 화가 머리끝까지 치밀어서 비이성적인 것처럼 행동했지만 사실은 앞뒤 손실을 계산하면서 연기를 했던 것이다. 하지만 아무리 메소드 연기를 해도 아이를 되돌리는 것은 불가능했다. 이미 커버린 아이의 키를 다시 줄일 수 없는 것처럼 말이다.

아내도 사춘기 아이와 대결하느라 꽤 고생을 했다. 부모의 권위를 조롱하는 듯한 아이 때문에 소리 지르고 눈물 흘리는 일이 점점 많아졌다. 한번은 이런 일도 있었다. 아이와 싸운 아내가 거실에서 훌쩍이며 눈물콧물 바람을 하고 있는데, 아이가 슬며시 다가와 엄마에게 휴지를 갖다준 것이다. 못된 말로 엄마에게 상처를 준 게 미안했던 것이다. 아이가 가져다준 휴지를 쓰면서 아내는 둘 사이의 역할이 바뀔 수도 있고, 앞으로 바뀌어가겠구나 하는 심정이 들었다고 한다. 그때껏 아이를 보호 대상으로만 여겼는데 아이가 보호의 주체가 될 수도 있겠구나 싶었다는 것이다. 그 후로도 아내는 그런 감정을 종종 느꼈다고 한다. 아이는 점점 크고 엄마는 조금씩 작아지니 그럴 수밖에 없다. 물론 나라고 해서 다르지 않다. 세월이 가면서 부모의 권위는 줄어들고 아이가 독립성을 획득하는 순리를 막을 수는 없다.

지금 생각해 보면 아이가 사춘기일 때 우리 부부는 참 우스꽝스러운 짓을 많이 했다. 순종적인 아이로 회귀시키는 게 가능하다고 믿으면서 화내고 소리 지르던 미숙한 부모였다. 아이에게 이런 말도 서슴없이 했다. "너는 초등학생 때는 말을 잘 듣더니 중학생이 돼서는 왜 말을 안 듣니?"

무의미한 말이다. 속이 텅 비어 있는 잔소리다. 초등학생이니까 순종한 것이고 중학생이니까 반항을 시작한 것이다. 자연스러운 성장 과정으로 이해하고 수용하면 되는데, 우리 부부는 그 모습을 인정하지 못하고 아이를 억지로 되돌리려고 했다. 이렇게 허망한 싸움을 지치지 않고 했다.

사춘기가 되면 호르몬 변화가 아이의 반항심이 키우고, 그 결과 집안이 시끄러워진다는 말을 참 많이 읽고 들었다. 그런데 지나고 보니 절반만 맞는 설명이다. 집안에 갈등이 생기는 이유의 절반은 부모에게 있다. 아이의 자율성과 독립성을 부정하는 부모가 이 갈등의 주된 원인이다. 그러니 아이가 사춘기일 때 아이와의 갈등이 커진다 싶으면 부모는 자신을 성찰해봐야 한다. 내 마음속에 권위에 대한 욕심이 똬리를 틀고 있는 게 아닌지 살펴야 한다. 아이의 삶은 통제하려는 욕구가 강하면 집안이 시끄러워지고 자녀와 부모 사이에 벽이 생긴다. 반대로 아이에게 집안 권력의 일부를 넘겨주기로 통 크게 마음먹으면 갈등의 가능성은 줄어들고 아이의 성장 가능성은 높아진다.

물론 부모의 권위를 다 버려서는 안 된다. 아이가 몇 살이 되든 절대 양보할 수 없는 중요한 원칙은 있다. 성실해야 한다. 부도덕해서는 안 된다. 자신에게 해를 끼칠 행동도 하지 말아야 한다. 그렇게 가르치고 통제하려면 부모의 권위가 필요하다.

하지만 나머지 문제에서는 양보의 가능성이 있다. 권위를 흔쾌히 내려놓는 민주적인 부모가 갈등을 줄일 수 있고, 갈등이 줄면 부모와 아이의 말이 부드러워질 것이다. 오늘은 무슨 반찬을 내줄까 대신에 어느 만큼 자유를 내줄까 고민하는 부모가 더 고마운 부모다.

자기 확신을 버리면 아이가 편안해진다

자신이 틀릴 수 있다고 인정하면 좋은 부모가 된다. 반대로 자신도 틀릴 수 있다는 사실을 극구 부인하는 부모는 아이와 더 많이 다투고 아픈 잔소리를 자주 하게 된다.

"문학을 전공하겠다고? 절대 안 돼! 의대나 공대를 가야지. 그래야 안정적으로 살 수 있어. 부모 말 들어서 후회하는 일 절대 없으니까 엄마 아빠 말대로 해!"

아이가 중학생만 되어도 진로 문제로 다투는 가정이 많은데 부모는 대체로 취직에 유리한 전공을 추천한다. 하지만 이런 식의 말은 추천이 아니라 명령이다. 이런 명령의 배후에는 지나친 자기 확신이 있다. 자신의 판단이 옳다는 확신을 갖고 아이 생각을 강압하면서 말한다. 이런 식의 말을 들은 아이가 "네, 알겠습니다." 하고 순종할 확률은 얼마나 될까? 이런 말을 들은 아이가 부모의 입장에서 다시 한번 생각해 보는 게 가능할까? 기대하기 힘들다. 부모가 화법을 바꾸는 게 좋다. 자신이 틀릴 수도 있다는 전제를 깔고 말을 하면 된다.

"문학을 전공하겠다고? 넌 책 읽는 것도 쓰는 것도 좋아하니까 너한테 어울리긴 할거야. 그런데 엄마 아빠가 다 아는 건 아니지만 걱정도 된다. 문학을 전공하면 직업 선택의 폭이 좁아지는 건 사실이니까. 직업이 전부는 아니어도 중요하기는 해. 너는 그런 생각은 해봤니?"

이 말은 아이의 꿈을 무시하는 뉘앙스가 아니다. 부모가 다 알고 있으니 잠자코 따라오라는 명령도 아니다. 대신 의견 제시다. 질문을 덧붙여서 말할 기회도 주었다.

아이에게 자유가 주어진 셈이다. 초원을 맘대로 뛰어다니는 망아지처럼 기분이 좋을 것이다. 그러니 이제 아이가 부모 의견을 참고하면서 스스로 생각을 시작할 거라 기대할 수 있다. 만약 부모가 '그건 절대 안 된다.' '나중에 직업 구하기 어렵다.'

면서 고삐를 잡아 끌어당겼다면 기대하기 힘든 반응이다.

사춘기 아이들에게는 승리가 최고의 꿀맛이다. 이기는 게 무엇보다 좋고 지는 건 끔찍히도 싫다. 자기 주장이 옳은지 그른지는 두 번째 문제다. 어떡해서든 이겨야 자존감이 높아지고 행복해진다. 사춘기 아이들은 고집 센 코뿔소다. 밀려나 주고 져 줘야 대화의 가능성이 열린다. 져주기 위해서는 부모 자신만이 옳다는 독선적인 믿음을 버리는 게 꼭 필요하다.

사실 자신만 옳다고 주장하는 부모가 얼마나 싫은지 부모들도 경험을 통해 배웠다. 부모들은 어릴 적에 들었던 이런 잔소리를 또렷이 기억할 것이다.

"다 너 잘되라고 하는 말이니까 거역할 생각하지 마."

"자식에게 해로운 소리 할 부모가 세상에 어디 있니? 제발 말 좀 들어라."

저런 잔소리가 왜 싫었을까? 부모가 자기만이 진실을 알고 있다고 전제하기 때문이다. 자기만 옳고 아이는 틀렸다고 못박아두고 잔소리를 하니까 아이 입장에서 견딜 수 없이 짜증스러운 것이다.

우리 부부도 어릴 때 그런 독선적인 잔소리를 들으면서 무척 마음이 불편했는데, 부모가 되어서는 똑같은 잔소리를 아이에게 쏟아부었다. 올챙이 적을 잊은 개구리와 다르지 않다. 우습고 안타까운 일이다.

부모가 자신이 옳다고 확신하지 말아야 하는 두 가지 이유가 있다.

첫째, 부모가 아이를 위한 최선의 길을 모르기 때문이다. 부모가 아니라 세상의 모든 과학자, 철학자, 교육 전문가들이 모여 머리를 싸매도 한 아이를 위한 최선의 교육 방식을 알아내는 건 불가능하다. 한 아이와 그 아이가 겪는 상황은 우주만큼 복잡하기 때문이다. 그러니 부모가 자신의 의견이 틀릴 수도 있다고 생각하면서 유연하고 부드럽게 잔소리하는 게 옳은 것이다.

부모의 자기 확신은 틀릴 수 있을 뿐 아니라 해악을 끼칠 수 있다는 점에서도 위험하다. 아내의 친구가 겪은 실패가 좋은 참고 자료다.

그 엄마는 아이에게 자제력을 길러주고 싶었다. 특히 인간관계에서 싫어도 참고 힘들어도 인내하는 자세를 가르치려고 했다. 이것이 옳은 교육이라고 확신하면서 말이다. 처음에는 아이도 엄마 말을 잘 들었다. 감정 통제를 잘하는 착한 아이라는 칭찬도 많이 들었다. 하지만 아이가 중학생이 되면서 조금씩 문제의 조짐이 보였다. 누가 싫은 소리를 하면 일단 오래 참다가 임계점에 다다르는 순간 폭발해 버리는 것이다. 이런 폭력적인 반응은 상대가 친구든 선생님이든 가리지 않았다. 아이 엄마는 그제야 자신의 교육이 아이에게 해를 끼쳤다는 걸 알게 되었다. 감정을 참고 억누르는 교육이 아니라, 자신의 감정을 인정하고 표현하는 방식으로 교육했다면 지금처럼 일시적으로 감정이 폭발하는 일은 없었을 것 같다는 후회도 했다. 하지만 이미 너무 먼 길을 왔고, 고치려면 또 그만큼의 시간이 필요했다.

내 친구 중에도 그런 실패를 겪은 이가 있다. 그 친구는 소설가가 되고 싶다는 아이의 의견을 철저히 무시하고 아이를 반강제로 공대에 진학시켰다. 아이는 입학 후 공부가 힘들 때마다 아빠를 원망했다. 아빠가 자신의 꿈을 빼앗았기 때문에 하기 싫은 공부를 하게 되었고, 자신이 공부를 포기하다시피 한 것도 아빠의 책임이라고 비난했다. 그 친구는 직업이 삶의 가장 중요한 기반이라고 확신했는데 그 확신이 아이에게 해를 끼친 것 같다며 괴로워하고 있다.

부모가 자기 주장을 해서는 안 된다는 게 아니다. 아이 존중이 우선이지 나의 믿음이 우선일 수 없다는 뜻이다. 아이의 감정 표현이 강하다면 그것을 천성으로 인정한 후 조금씩 고쳐야 한다. 아이가 문학을 좋아한다면 그 취향을 먼저 존중하고 나서 절충점을 찾아야 한다. 그렇지 않고 "자식 잘못되라는 부모는 없다."는 식으로 부모의 확신만 밀어붙인다면 큰 문제가 생길 수 있다. 부모가 겸허해진 후에는 기쁘고 좋은 변화가 많이 생긴다.

첫째, 대화의 문이 열린다. 부모와 자녀가 상의하고 의논하는 대화다운 대화가 시작되는 것이다. 물론 동등한 관계에서 의논하고 협의하는 육아가 늘 좋은 것은 아니다. 부모는 아이 인생의 첫 번째 교육자이므로 때로는 권위를 갖고 아이를 가르치기도 해야 한다. 하지만 가르칠 때는 가르치고 상의할 때는 상의해야 한다. 아이는 훈육의 대상이었다가 대화 파트너도 되어야 하다. 대화할 때는 "엄마 아빠의 생각만 옳은 건 아니니까 너의 생각을 말해볼래?"라는 식으로 질문하는 게 좋다. 부모가 겸허하면 아이는 어깨를 으쓱 올리고 대화에 뛰어들 것이다. 무조건 지시하거나 가르치지 않고 배우겠다고 마음먹은 부모가 대화의 문을 활짝 열 수 있다.

둘째, 아이가 똑똑해진다. 아이는 로봇이 아니라 사람이어야 한다. 주입된 규칙을 따르도록 프로그래밍된 기계여서는 안 된다. 그렇다면 자율적이고 자발적인 사고 능력은 어떻게 생길까? 스스로 생각하는 연습을 많이 해야 한다. 그럴 때 필요한 것은 자기 생각을 주입하는 부모가 아니다. 자신이 틀릴 수도 있다고 인정하고 아이의 생각 공간을 열어주는 부모가 아이의 사고 능력을 키워줄 수 있다. 반대로 자기 확신이 강해서 아이의 사고를 지배하는 부모 밑에서 자란 아이는 자유롭고 창의적인 생각을 하기 어렵다.

셋째, 아이가 행복해진다. 그것은 당연한 결과다. 자기 확신에서 벗어나는 부모는 잔소리와 간섭을 줄일 것이다. 아이들로서는 불행의 첫째 원인인 잔소리와 간섭이 사라지는 게 축복일 수밖에 없다. 혹시나 잔소리와 간섭을 하지 않으면 부모 역할이 사라지지 않을까 걱정할 필요는 없다. 잔소리 대신 상의를 하고 의견을 물으면 된다.

물론 현실적으로 쉬운 일은 아니다. 잔소리 대신에 상의하려고 애쓰다 보면 부모 속이 터진다. 스트레스뿐 아니라 현실성도 문제다. 아이를 당장 공부시켜도 시간이 부족한 판에 느긋하게 상의를 한다는 건 비현실적일 수 있다. 하지만 다른 방법이 없다. 장기적으로 부모는 둘 중 하나를 선택해야 한다. 나쁜 잔소리 폭격을 해서 관계가 틀어지든지, 상의를 통해 육아의 목표를 천천히 달성하든지 선택을 해야 하는 것이다. 그 중간의 길이 없지는 않겠지만 우리 부부가 주변을 관찰한 바로는 제3의 길은 희미하다.

무엇보다 부모들이 두 가지의 공통된 확신에서 벗어나는 게 꼭 필요할 것 같다. '공부 못하면 불행해진다.'는 확신, '돈을 못 벌면 삶은 실패한다.'는 믿음에서 놓여나야 한다. 그래야 아이들이 자신에게 맞는 고유한 행복을 찾아 나선다.

공부를 못해도 상관없다는 말이 아니다. 돈이 무의미하다는 것도 아니다. 다만 성적과 돈 말고도 행복의 독립 변수는 많다는 뜻이다. 친화성, 성실성, 긍정성, 자부심 등이 그렇다. 부모가 자녀의 행복 요건을 유연하게 생각해야 잔소리도 부드러워지고 착해진다.

자신의 아픔을 치유하면 잔소리가 맑아진다

부모의 어린 시절 경험이 육아 방식에 큰 영향을 끼친다는 건 많이 알려져 있다. 잔소리도 그렇다. 잔소리의 뿌리가 부모의 어린 시절에 깊게 박혀 있을 때가 있다. 신기한 일이다. 어렸을 때의 후회, 충격, 상처 등이 마음속에 잠복해 있다가 수십 년 후 자녀를 향한 잔소리로 가지를 뻗어내는 것이다.

영국의 정신과 의사 필리파 페리Philippa Perry가 말한 사례를 보면 독자들도 우리 부부처럼 고개를 끄덕이게 될 것이다(《나의 부모님이 이 책을 읽었더라면The Book You Wish Your Parents Had Read》 영문판 참고).

먼저 엄마와 일곱 살 아이의 이야기다. 어느 날 아이가 놀이

터에서 정글짐을 오르다가 다급히 엄마를 불렀다. 무서워서 더 이상 오르지도 내려가지도 못하자 도움을 청한 것이다. 그런데 엄마는 아이를 도와주기는커녕 그 정도도 해결 못하냐고 힐난했다.

엄마는 왜 그렇게 냉담했을까? 어린 시절 상처 때문이었다. 어렸을 때 그녀는 부모로부터 과보호를 받았다. 위험한 일은 절대로 못하게 했고 조심하라는 잔소리를 입에 달고 살았다. 그 결과 그녀는 무엇이든 조심하고 무서워하게 된 것이다. 30여 년이 흘러 엄마가 된 그녀는 자신의 아이가 놀이터에서 무서워하는 모습을 보았고, 그 순간 겁쟁이였던 자기 모습이 떠올라 짜증이 치밀었다.

이처럼 아이가 겁을 내면 과민하게 반응하는 부모들이 있다. 자신이 어렸을 때 겁쟁이여서 창피했던 기억이 남아 있기 때문일 수 있다. 반면 어렸을 때 씩씩했던 부모는 다르다. 아이가 겁을 내도 웃으면서 감싸줄 수 있다. 같은 겁쟁이여도 부모에 따라 어느 집 아이는 핀잔을 듣고 어느 집 아이는 응원을 듣는다. 그건 아이의 문제가 아니라 부모의 문제다. 부모의 과거 경험이 잔소리냐 응원이냐를 결정한다.

두 번째는 할아버지 때문에 잔소리를 하게 된 손녀 이야기다. 한 엄마는 아이들이 떠들면 민감하게 반응하고 잔소리를 길게 늘어놓는다. 그런데 그녀의 어머니도 비슷했다. 알고 보니 어머니의 아버지, 즉 외할아버지가 문제의 출발이었다. 두통을 심하게 앓았던 할아버지 때문에 식구들은 늘 조용해야 했다. 만일 떠들거나 큰 소리를 내면 심하게 야단을 맞았다. 그의 신경질적인 잔소리는 딸에게 전달되었고, 손녀에게까지 전해진 것이다.

놀라운 일이 아닌가. 조부모의 잔소리가 60년 후 손녀에게 전달된다는 것이. 그러니 너무 시끄럽고 수선스럽다며 잔소리를 듣고 야단을 맞는 아이는 잘못이 없다. 조부모에게 문제가 있었던 것이다. 어른의 상처가 문제였다.

세 번째는 식탁 잔소리에 대한 이야기다. 식탁에서 아이들에게 심하게 잔소리를 하는 아빠가 있다. 아이가 음식을 흘리면 지나치게 엄격히 다뤘다. 왜 그렇게 과민했을까? 역시 어린 시절에 뿌리가 있다. 그는 어릴 때 음식을 곧잘 흘렸는데 그때마다 엄마에게 심한 꾸지람을 들었고, 때로는 더 이상 못 먹게 음식을 빼앗겼다고 한다. 그렇게 가혹하게 야단을 맞다보니 음식 흘리는 것을 큰 죄악이라고 믿게 되었고, 그 믿음을 수십 년 간직하다가 자신의 아이들에게 잔소리로 토해낸 것이다.

그는 아이에게 식탁 예절을 가르쳐주기 위한 훈육이었다고 생각하겠지만 그것은 착각이다. 그는 가여운 앵무새에 불과하다. 앵무새처럼 무서운 엄마의 잔소리를 따라했을 뿐이다. 아이들에게 전가된 그의 잔소리는 아이의 행동을 교정하고 돕기 위한 것이 아니다. 자신의 아픈 기억 속에 갇혀서 자기도 모르게 엄마를 모방하는 것뿐이다.

아이가 버릇없다고 과민하게 반응하면서 야단치는 부모는 어릴 때 버릇없다는 이유로 지나치게 통제받았을 가능성이 크다. 즉 아이의 버릇없는 행동이 잔소리를 부른 것이 아니라 부모의 어린 시절 상처가 잔소리의 원인인 것이다.

부모는 아이의 언행에서 분노, 좌절감, 걱정, 짜증, 두려움 등을 느껴서 잔소리를 하고 혼도 낸다. 그런데 그런 감정의 원천이 아이가 아니라 부모 자신일 때가 있다는 점을 알아야 한다. 어린 시절 무대공포증에 시달렸던 아이는 나중에 부모가 되어서 자녀의 무대공포증을 보면 좌절감을 느끼고 화를 낸다. 외모 강박에 빠진 부모 때문에 상처받은 아이는 먼 훗날 자기도 모르게 자녀의 외모에 독한 말을 쏟아낼 가능성이 크다.

이렇듯 적지 않은 경우 잔소리의 뿌리는 부모 자신에게 있다. 부모의 아프고 슬프고 괴로운 경험이 잔소리로 환생하는 것이다. 자신에게서 비롯된 잔소리를 이제는 끊어내야 하지 않을까? 전문가들은 자문자답을 해보라고 추천한다. 잔소리의 원인을 차근차근 따져보는 것이다. 그 생각의 흐름을 이미지화하면 다음과 같다.

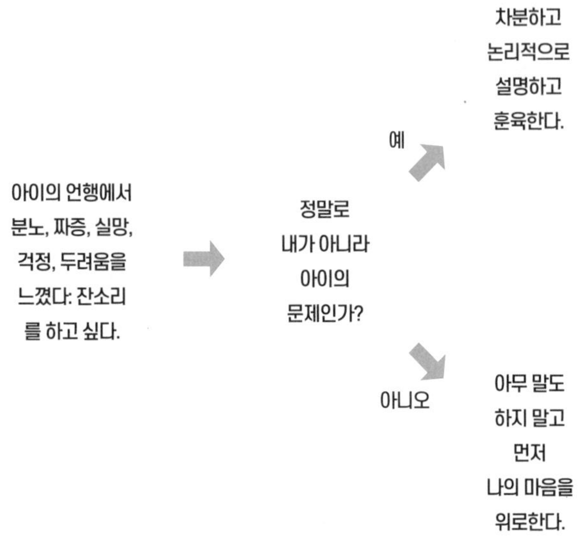

차분하고
논리적으로
설명하고
훈육한다.

예

아이의 언행에서
분노, 짜증, 실망,
걱정, 두려움을
느꼈다: 잔소리
를 하고 싶다.

정말로
내가 아니라
아이의
문제인가?

아니오

아무 말도
하지 말고
먼저
나의 마음을
위로한다.

어린 시절의 상흔이 없는 사람은 없다. 하지만 그 상처를 스스로 위로하지 않고 돌보지 않는다면 다른 사람에게 그 아픔을 전가하는 나쁜 행태로 나타날 수 있다. 따라서 의아한 지점에서 이상하리만큼 분노가 치솟고 불안하고 신경이 날카로워진다면 차분히 자신의 마음을 들여다보아야 한다. 그리고 그 원인을 스스로 찾아 다독여주고 안아주고 치유해야 한다. 그래야 아이에게 아픈 말을 쏟아내지 않는다.

2장

자녀의 미래를 믿는 부모가 따뜻하게 말한다

아이의 고마움을 기억하면
잔소리가 감동적이다

우리는 흔히 우리가 아이들을 지켜준다고 생각한다. 아이들이 부모를 지켜준다는 생각은 하지 못한다. 우리 부부도 우리가 아이의 보호자라는 확신을 가지고 아이를 20년 길렀다. 그런 엉터리 믿음에서 나오는 잔소리가 있다.

"너는 왜 부모 고마운 줄을 모르니?"
"엄마 아빠가 너희를 위해서 얼마나 힘들게 일하는지 알아?"
"너희가 지금 엄청 행복하다는 걸 왜 모르는 거야?"
"아빠가 당장 회사 그만두면 너희들은 어떻게 될 것 같니?"

이런 잔소리에 아이들은 고개를 돌려 외면하거나 얼굴을 찌푸린다. 우리 부부도 아이의 그런 얼굴을 자주 봤다. 딱히 틀린 말도 아닌데 아이들은 왜 이런 말을 싫어할까? 생색내는 잔소리이기 때문이다. 아이들도 부모의 고마움을 잘 안다. 하지만 저런 식으로 자신의 수고와 노고를 노골적으로 자랑하면 거북할 수밖에 없다. 배은망덕의 메시지도 문제다. '너는 부모 은혜도 모르는 녀석이다'라는 뜻이 감춰져 있으니 듣는 입장에서 불쾌할 수밖에 없다.

'부모 고마운 줄 모른다'는 잔소리에는 우리가 너를 보호하고 있다는 전제가 깔려 있다. 물론 사실이다. 부모가 아이를 지켜준다. 하지만 못지않게 중요한 진실이 있다. 아이도 부모를 돌보고 지켜준다는 사실이다.

먼저 아이는 부모가 정신적으로 성장하도록 돕는다. 힘든 육아 과정을 거치면서 부모는 자신의 모습을 알게 된다. 세상의 이치도 배우고 중요한 삶의 원리도 터득한다. 아이가 태어난 덕분에 부모는 고생하면서도 내적인 성장을 이룬다. 부모가 아이를 키우듯이 아이도 부모를 키우는 것이다.

더 놀라운 사실이 있다. 아이는 부모가 상처 입지 않게 보호해 준다. 우리 모두는 자주 상처를 받으며 살아간다. 모멸감과 자괴감을 느낄 때도 많다. 나보다 권력을 더 많이 가진 자가 나를 대놓고 업신여기면 분노로 정신이 아찔하다. 직장생활을 하는 사람, 사회생활을 하는 사람에게는 수시로 일어나는 일이다. 생각 같아서는 주먹을 휘두르면서 똑같이 대해주고 싶다. 욕이라도 시원하게 내뱉으면 속이라도 후련할 것 같다. 하지만 현실에서는 그럴 수 없다. 마음 내키는 대로 했다가는 직장을 잃을 수도 있다. 그러니 대부분의 사람들이 못 들은 척, 안 들은 척 얼렁뚱땅 넘어간다. 모멸과 모욕과 비난을 침묵으로 받아넘기는 것이다. 그러다 보니 속은 썩어 들어가고 스트레스는 쌓여간다. 사회적 죽음이라고 할 수 있다.

이에 대응하기 위해 내면의 요새inner fortress로 피하는 사람들이 있다. 독일 철학자 파스칼 메르시어Pascal Mercier가 쓴《삶의 격Eine Art zu leben》에 나오는 개념인데, 아무도 침범할 수 없는 내 마음속 가상의 피신처를 가리킨다.

누군가 무례한 말을 하기 시작하면 나로부터 분리되어 마음속 내면의 요새로 들어가는 것이다. 그 속에서 '너 같은 자가 어떻게 말하거나 나의 위엄을 해칠 수 없다'고 혼잣말로 외친다. 그러는 사이 무례한 자는 무효가 되어 나를 조금도 다치게 할 수 없다. 그렇게 내면의 요새가 우리를 모멸감과 모욕감에서 구해주는 것이다. 어떻게 보면 소극적이고 비겁한 방법으로 보이기도 하지만 지극히 현명하고 둘도 없이 현실적인 대응법이다.

부모에게는 굳건한 내면의 요새가 바로 아이다. 삶은 모멸과 모욕의 연속이다. 생존 경쟁의 장에서는 아니꼽고 치욕스러운 일이 매일 닥친다. 그런 끔찍함을 부모들은 잘도 견딘다. 아이들 때문이다. 아이를 생각하면서 코앞에서 떠드는 무례를 무효화해서 털끝 하나 다치지 않을 수 있다. 모멸감이 기습하면 내면의 요새로 들어가서 이렇게 말할 수 있다.

"너는 나를 모욕하려고 애를 쓴다. 하지만 나는 내 아이의 엄마다. 절대 너에게 다치지 않을 것이다."
"너는 최선을 다해 공격해라. 나는 최선을 다해 기뻐할 것이다. 내 아이를 생각만 해도 나는 한없이 기쁘다."

아이들은 이런 존재다. 내면의 요새가 되어 공격적인 세상 속에 던져진 부모를 보호해 준다. 그러니 힘들 때면 부부끼리 마주보고 앉아 이렇게 서로를 다독여야 한다.

"우리는 아이들이 얼마나 고마운지 가끔 잊는 것 같아."
"아이들 덕분에 우리도 힘든 인생을 잘 견뎌낼 수 있어."
"아이들은 우리를 지켜주는 천사라는 걸 잊지 말자."

부모가 아이를 보호하는 만큼 아이도 부모를 보호한다. 그렇게 믿으면 잔소리가 온화해지고 마음이 한결 부드러워진다.

아이에게 이렇게 얘기해 보자.

"너는 엄마 아빠에게 너무 감사한 존재야. 정말 고마워."

이런 말을 듣는 아이는 부모의 사랑을 다시 한번 뜨겁게 느낄 것이다. '너는 부모 고마운 걸 모른다'고 힐난할 이유가 없다. 그 대신 아이에게 고맙다고 말해주면 아이도 고마워한다. 부모들은 너무나 단순하고 지당한 이 원리를 모른 채 아이를 기른다. 우리 부부가 그랬듯이 말이다. 한번은 친구에게 이런 질문을 받은 적이 있다.

"넌 일을 하는 이유가 뭐야? 글 쓰는 이유 말이야."

"인간의 존엄성을 위해서."

"인간의 존엄성? 굉장히 거창하네."

"나는 두 사람의 존엄성을 위해서 일해. 내 아이가 용돈이 부족해서 친구들과 약속을 취소하는 일이 없게 하려고. 그리고 내 아내에게 가끔 새 옷을 사주기 위해."

진심이다. 그것만 생각하면 힘이 난다. 글을 쓰는 것은 지치고 힘든 일이지만 그럼에도 지금껏 이 일을 계속하고 있는 건 아이와 아내 때문이다.

아이들은 거친 세상을 버틸 수 있도록 요새가 되어준다. 부모는 아이들 덕에 강해지고 성실해지고 밝아진다. 아이가 수호

천사인 걸 잊지 않으면 부모의 가슴은 따뜻해지고 잔소리도 순해진다.

"너는 부모 고마운 줄을 모른다."라는 잔소리 대신 "네가 엄마 아빠를 지켜주고 있어. 고맙다."라고 말해보면 어떨까? 행복과 자부심을 느낀 아이 얼굴이 보름달처럼 환해질 것이다.

아이의 미래를 두려워하지 않아야
잔소리에 가시가 없다

늦은 밤, 아이가 이불 속에 숨어서 스마트폰을 하고 있는데 아빠가 살금살금 들어와 이불을 확 젖힌다. 얼어붙은 아이는 저항 한번 못하고 스마트폰을 빼앗긴다. 이런 일이 한두 번이 아니다. 허구한 날 몰래 스마트폰만 보며 인생을 허비하는 이 철부지 아이를 어떻게 할 것인가. 이번에는 아이에게 경각심을 줄 만한 강한 훈육이 필요하다고 판단한 아빠는 얼마 전에 새로 산 아이의 스마트폰을 방바닥에 팽개친다. 이왕 하는 거 아주 세게 젖 먹던 힘까지 다해서 바닥에 내리꽂는다. 스마트폰을 부서뜨린 아빠는 야수가 포효하듯이 이렇게 외친다.

"아빠 말이 말 같지 않아? 이러지 말라고 했잖아. 너 커서 뭐가 되려는 거야? 뭐가 되려고 이 따위로 사니?"

우리 부부의 친구가 아이에게 저지른 일이다. 격한 잔소리를 토해낸 아빠의 마음을 들여다보자. 그 비싼 스마트폰을 부수고 아이를 겁에 질리게 만든 아빠의 마음속엔 무엇이 있었을까? 당연히 분노다. 하지 말라는 짓을 하니까 화가 난 것이다. 그런데 분노 뒤에 또 다른 것이 있다. 그것은 두려움이다. 이렇게 살다가 아이가 쓸모도 없고 직장도 없는 무용한 인간이 될 것 같은 두려움이 그런 폭력과 포효로 표출된 것이다.

생각해 보면 "너 당장 공부 안 해?"라고 아이를 향해 벼락 같이 잔소리를 내뱉는 부모는 가엽다. 겁에 질려 있기 때문이다. 아이의 미래에 나쁜 일이 닥칠 것 같은 두려움에 휩싸여 있다. 하지만 이건 대단한 착각일 가능성이 크다. 아이의 미래가 불행할 거라는 부모의 걱정은 대체로 판타지다. 부정적 가능성을 과장한 헛된 생각이라는 것이다.

아이의 미래는 부모의 걱정보다 행복할 확률이 훨씬 높다. 사람들은 대체로 미래를 비관적으로 본다. 자신에게 나쁜 일이 생길 것이고 나쁜 일에 대응할 능력이 없을 거라고 막연한 두려움에 떨고 있다. 왜 그렇게 비관적인 성향을 갖는 걸까? 미국의 심리학자 대니얼 카너먼Daniel Kahneman은 《생각의 해부

Thinking》에서 두 가지 이유를 든다.

첫번째로 사람이 미래를 비관하는 건 자신의 심리적 탄력성을 간과하기 때문이다. 땅바닥으로 떨어진 고무공이 다시 튀어 오르듯이 밑바닥으로 추락한 마음도 다시 튀어 오르는 탄력성이 있는데 그걸 믿지 못하는 것이다. 가령 베르테르는 자기 머리에 총질을 하지 않았다면 머지않아 로테보다 매력적인 상대를 발견하고는 기뻐했을 가능성이 충분하다. 경제적 시련을 겪었지만 망가지기는커녕 지혜와 용기를 얻고 더 큰 성공을 성취하는 사례도 흔하다.

시련이 닥치면 극복하고 적응하고 성장할 능력은 누구에게나 있다. 모두의 마음은 진흙 덩어리가 아니라 탄성 높은 고무로 만든 탱탱볼이다. 이렇게 우리의 탄력적인 마음이 상황에 잘 적응하고 극복한다는 걸 우리는 자주 잊는다.

부정적 요인에만 집중하는 것도 우리가 비관적인 성향을 띠는 이유다. 우리는 미래를 내다볼 때 긍정적인 면은 배제하고 문제점에만 집중하는 경향이 있다. 거울 앞에서 오른쪽 뺨의 뾰루지에 집중하는 청년을 보자. 뾰루지만 눈에 들어와 잘생긴 입술과 코는 보이지 않는 청년은 오늘 소개팅에 실패할 거라고 비관한다. 그러나 실제 만난 상대는 뾰루지에 눈길도 주지 않는다. 이 청년처럼 우리도 자신의 부정적 면에만 집중해서 판단하기 때문에 미래를 어둡게 예측하는 것이다.

아이 문제에서도 마찬가지다. 부모는 아이의 미래를 과도하게 걱정한다. 장차 아이에게 나쁜 일이 생겨서 아이가 불행해질 거라고 습관처럼 두려워하는 부모가 생각보다 많다. 하지만 그렇지 않다. 부모는 아이가 가진 심리적 탄력성을 보지 않는 경향이 있다. 아이의 마음은 바닥으로 떨어지는 진흙 덩어리가 아니라 탄성 높은 고무공이라는 걸 알아야 한다. 추락해도 다시 튀어 오를 수 있다. 슬픔, 상실, 좌절, 외로움을 껴안고 다시 행복해지는 마음의 탄성을 아이들은 가지고 있다.

또한 자녀의 긍정성을 믿어야 한다. 부모는 대체로 자녀의 부정적 측면에만 주목한다. 이를테면 낮은 성적, 소극적인 성격 등에 집중하면서 그 때문에 아이가 장차 힘들게 살 것 같다고 걱정한다. 하지만 그건 편협한 태도다. 성적이 뛰어나지 않더라도 낙천적이고 포용력이 있고 설득력이 높아서 조직의 리더가 되거나 사업에 성공하는 사례는 무궁무진하다. 나쁜 성적에만 집중하면 아이가 가진 이런 긍정적인 면이 눈에 들어오지 않는다.

아이의 미래가 불안한 부모들은 대체로 자기만 괴로운 것에서 끝나지 않고 아이를 괴롭힌다. 별것도 아닌 일로 아이에게 쉽게 화를 내고 지나치게 엄격하게 군다. 특히 아이가 잠시라도 게으르거나 불성실해 보이면 참지 못하고 감정을 실어 잔소리를 쏟아낸다.

"너, 당장 공부 안 해? 자꾸 딴짓하면 노트북 부숴버릴 거야."

"왜 그렇게 버릇이 없어. 커서 뭐가 되려고 그래?"

"엄마 친구 딸은 매일 책만 읽는다더라. 너 그러다가 바보된다."

모두 아이를 겁주거나 아이의 자존심을 무너뜨리는 혹독한 잔소리다. 부모 입장에서는 저렇게 공부를 안 하면서 시간만 낭비하고 아무 쓸모없는 일에 집중하다가 자기 앞길도 못 찾을까 봐 걱정이 돼서 하는 잔소리겠지만 아이는 그렇게 듣지 않는다.

부모는 아이의 탄력성과 발전 가능성을 믿어야 한다. 아이를 신뢰하면 아이의 미래가 걱정되지 않는다. 부모의 비명 같은 잔소리도 줄어든다. 하지만 그건 잘 알겠는데 잔소리까지 안 하면 혹여나 아이의 삶을 망치지 않을까 슬금슬금 걱정이 밀려오는 것도 막기 힘들다. 말도 안 되는 걱정은 아니다. 부모의 언어적 개입이 자녀의 가치관과 태도와 신념을 만드는 건 사실이다. 하지만 부모의 잔소리만으로 아이의 정서와 가치관이 만들어지는 건 아니다. 크고 작고 많은 요인이 유기적으로 작동하며 아이를 키운다. 미국 콜로라도대학의 리처드 제서 Richard Jessor 교수가 30년 전에 그 사실을 다이어그램으로 표현했다.

[어린이 성장을 위한 환경 요소들]

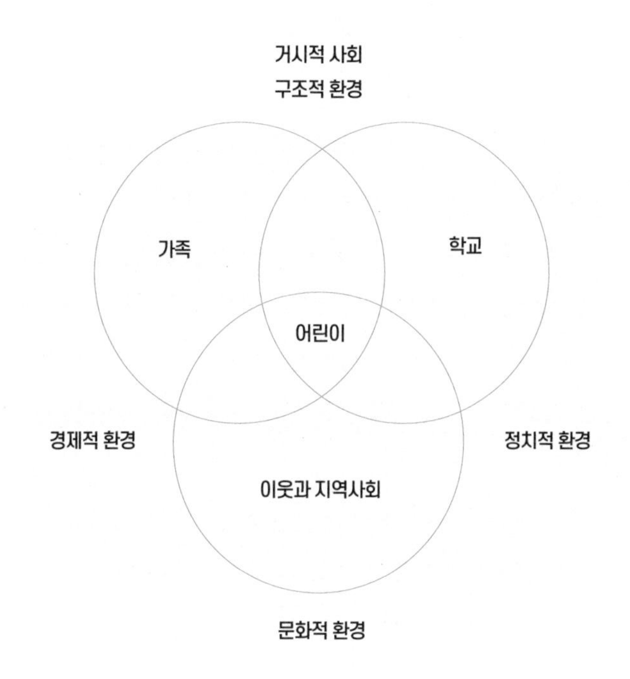

한 학자의 의견일 뿐이니까 절대화할 필요는 없지만 큰 그림을 보여주는 이론인 것은 분명하다. 아이를 성장시키는 요소들이 작은 것에서 큰 것까지 일목요연하게 정리되어 있다.

벤다이어그램을 보면 아이의 성장을 돕는 것은 가족과 학교와 이웃이다. 그중에서도 가장 중요한 환경은 부모를 포함

한 가족이다. 그다음 학교 선생님과 친구들도 큰 영향을 끼친다. 그리고 이웃과 지역사회도 아이의 성장을 촉진할 수 있다. 좋은 동네에서 좋은 사람들과 교류하면 아이에게 유익할 수밖에 없을 것이다. 그보다 넓게 보면 한 나라의 거시적인 조건도 아이 성장에 중요한 환경이다. 사회, 경제, 정치, 문화적 환경이 아이의 정신적 성장에 지대한 영향을 끼친다.

정리하자면 가족과 이웃을 포함해 나라 전체가 힘을 합쳐 아이를 키우는 것이다. 한 가족의 성장도 아이 성장을 촉진하지만 나라 전체가 정치, 경제, 문화적으로 발전하면서 아이의 성장을 도모한다는 뜻이다. 부모가 아이를 도맡아 기른다는 생각은 착오다.

이렇게 보면 부모의 잔소리는 영향력이 크지 않다. 아이는 학교와 친구에게서 더 많은 것을 배운다. 사회의 경제, 정치, 문화 환경도 아이의 가치관과 태도를 만드는 데 기여한다. 그뿐인가. 책을 읽으며 견문을 넓히고, 텔레비전을 통해 사회 규범을 익히고, SNS 활동을 통해 대인관계 기술을 배운다. 부모의 잔소리를 대신할 것들이 세상엔 아주 많다.

'아이 하나를 기르는 데 마을 전체가 필요하다'는 아프리카 속담이 있다. 부모는 물론 마을 사람들, 밭의 작물들, 가축, 나무, 바람 등이 모두 힘을 합쳐서 아이를 기른다. 따뜻한 이웃과 친구, 아이를 기르기 좋은 사회적 조건 등도 아이의 성장에 영향을 준다.

아이의 미래를 지나치게 걱정하거나 두려워하지 말자. 아이가 몰래 게임을 한다고 해서 아이의 미래가 무너지는 건 아니다. 마치 무슨 큰일이라도 벌어진 것처럼 아이를 혼내고 모진 말을 쏟아낸다고 해서 게임하는 습관이나 욕구가 사라지는 것도 아니다. 잔소리를 하고 아이에게 겁을 주기보다는 게임 시간과 휴대전화 보는 시간을 어떻게 조율할 것인가를 고민하는 것이 훨씬 현명한 대처법이다.

부모가 아이의 잠재력을 믿지 않고 아이의 미래를 불안해하면 그 감정은 고스란히 아이에게 전달된다. 불안해하는 부모만큼 아이를 괴롭히는 것도 없다. 부모는 믿음직해야 한다. 그러려면 아이의 미래를 걱정하면서 바들바들 떨 것이 아니라, 아이의 잠재력을 단단히 믿어주는 마음이 필요하다. 아이가 집 밖의 넓은 세상에서 도움을 주고받고 배우고 성장해서 자신의 행복을 끝내 찾아낼 거라고 신뢰해야 하는 것이다. 그렇게 믿으며 여유롭고 따뜻하게 잔소리를 하자.

아이 문제에 성급하지 않아야 잔소리가 부드럽다

부모의 조급한 마음은 위험하다. 아이의 태도나 습관을 당장 바로잡겠다는 의지가 말을 날카롭게 만들고 아이에게 평생의 상처를 남긴다.

2022년 봄이었다. 아내가 장모님에게 뜻밖의 사과를 받았다.

"그때 일은 정말 미안했어. 그렇게 쫓아내는 게 아니었는데, 미안해."

대화를 나누던 중 맥락 없이 튀어나온 사과였다. 그 일이 연상될 만한 주제로 대화하던 것도 아니고 아내가 장모님에게 그때 왜 그랬냐고 캐물은 것도 아니었다. 그런데도 장모님이 불쑥 사과를 한 것은 아마도 수십 년 동안 혀끝에 올려놓고 지냈던 후회의 응어리였을 것이다.

40년도 더 지난 일이었다. 장모님은 초등학교 저학년이었던 딸을 집에서 쫓아냈다. 거짓말을 했다는 이유였다. 그날따라 문제집을 풀기 싫었던 아내는 문제집 맨 마지막 쪽만 풀어서 장모님에게 검사를 맡았다. 하지만 그런 어설픈 꾀에 넘어갈 장모님이 아니었다. 엄마들은 딸의 뒷모습만 보고도 어떤 기분인지 안다고 하지 않는가. 장모님은 딸의 표정이나 시선이 여느 때와 다르다는 걸 금방 알아챘고, 그 거짓말에 불같이 화를 냈다. 그러고는 딸을 대문 앞으로 끌고 가 "너, 나가!"라며 소리를 질렀다. 아내는 울며불며 잘못을 빌었지만 장모님은 용서하지 않았다. 속옷만 빼고 옷을 다 벗게 하고는 대문 밖으로 쫓아내 버렸다.

아내는 추위와 수치심 때문이 아니라 공포심에 휩싸여 몸을 벌벌 떨었다. 이러다가 친구, 책가방, 예쁜 옷, 따뜻한 밥, 사랑하는 가족을 다 잃고 거리를 떠돌아다니게 되는 건 아닐까 무서워서 잘못을 빌고 또 빌었다.

장모님은 교양을 갖춘 분이고 성정이 순하신 분이다. 그런 분이 그날은 왜 그리 딸에게 무서운 벌을 내렸을까? 마음이 조급해졌기 때문이다. 뻔뻔하게 거짓말을 하는 딸을 보면서 딸이 거짓말쟁이로 자라 사람들로부터 지탄받고 따돌림당할까 봐 겁이 났던 것이다. 이 나쁜 버릇을 지금 당장 고치지 않으면 큰

일 날지도 모른다는 불안감에 장모님은 그전과는 다른 벌을 내린 것이다. 단칼에 고치고 싶었으니 말이다.

장모님은 딸을 사랑하고 걱정하는 마음에서 내린 벌이었지만 아내에게는 그날 일이 평생의 큰 상처로 남았다. 아내는 중년이 되어서도 그 일이 평생의 가장 무서운 기억이라고 말하곤 했다. 하지만 그 기억은 장모님에게도 상처였음이 분명하다. 40년이 지나 80대 노인이 되어서 갑자기 사과를 해왔으니 말이다. 평생에 걸쳐 그날의 체벌을 후회하고 있었던 것이다.

사실 부모가 아이에게 사과를 하는 건 쉬운 일이 아니다. 많은 부모가 자신이 사과할 일을 저질렀다는 것 자체를 모르고 있고, 사과할 일이 있다는 걸 알아도 '부모 자식 간에 그런 일로 무슨 사과까지 해'라며 애써 눈을 감는다. 그럼에도 장모님은 용기를 낸 것이다. 예민한 감수성으로 딸이 간직한 상처를 감지했고, 그 일을 사과하지 않는다면 평생의 한으로 남을 것이라는 사실을 알고 있었다. 물론 아이에게 사과할 만한 일을 만들지 않는 게 가장 좋지만, 아이를 키우면서 그렇게 무결점의 부모로 산다는 게 쉬운 일은 아니다.

장모님의 사과를 계기로 우리 부부도 아이 키울 때를 돌아보았다. 아이의 나쁜 습관이나 버릇을 단번에 뜯어 고치려다 아이 마음에 상처를 준 일은 없는지. 없을 리가 없다. 한번은 사소한 잘못 몇 가지를 트집 잡아서 종아리를 때린 적이 있었다.

아이는 공포에 질려 울음을 터뜨렸다. 하지만 우리는 움츠러들지 않았다. 한번 크게 혼이 나야 다시는 그런 일을 저지르지 않는다고 생각했다. 우리는 그것이 사랑의 매라고 생각했고, 아이를 너무 오냐오냐 키우면 안 된다며 우리의 행동에 정당성을 부여했다. 하지만 매를 들었던 건 아이가 납득하도록 설명하고 설득할 능력이 없어서 가장 쉬운 길을 선택한 것이었다.

아이를 때린다는 것은 무능력한 부모라는 반증이다. 예쁜 꽃으로 때려도 아이는 공포감을 느낀다. 무서우니까 당장은 부모의 말을 따를 것이다. 하지만 아이 마음속에는 자신을 때린 부모에 대한 미움이 자라서 부모와의 사이에 벽을 쌓을 수도 있다. 이런 실패는 아이를 때리는 순간 이미 정해진다.

꼭 때리지 않았어도 아이에게 상처 준 일은 많다. 한번은 책 읽기 싫어하는 아이 때문에 속이 상해 책을 찢어서 던져버린 적도 있다. 아이의 친구들 앞에서 아이를 야단쳐서 모욕감을 준 적도 있다. 자신의 하루하루가 힘들다며 하소연하는 아이에게 그 정도도 못 견디냐고 냉소하거나 겁먹은 아이의 도움을 거절한 적도 있다. 아이가 자신의 잘못을 진심으로 반성하며 먼저 사과를 했는데도 무시하며 마음을 닫았던 적도 있다. 무엇보다 미안한 것은 아이를 공부하게 하려고 공포를 심어줬다는 점이다.

그랬다. 우리 부부는 아이에게 공부를 하지 않으면 너의 미래는 끔찍할 것이라고 늘 겁을 주었다. 그런 말을 듣고 자란 아이는 언제나 자신의 미래를 부정적으로 그렸을 것이다. '내가 공부를 안 하면 난 불행해질 거야'라며 공부하는 것과 '내가 목표한 걸 성취하면 앞으로 나는 하고 싶은 일을 하면서 행복하게 살 수 있을 거야'라는 희망의 마음으로 공부하는 것은 천지차이다. 자신의 미래를 생각할 때 공포와 걱정으로 추진력을 얻을 아이를 생각하면 너무나 미안하고 죄스럽다. 우리는 아이가 우리의 훈육 방법으로 어떤 상처를 안고 살아가는지 자세히는 알지 못한다. 그래서 더 미안하다.

미국의 심리학 교수 앨리슨 고프닉Alison Gopnik은 부모를 목수와 정원사로 나누어 설명한다. 목수는 목재를 깎고 잘라서 원하는 물건을 금방 만들어낸다. 반면 정원사는 화초가 예쁘게 자라도록 환경을 조성하고 오래 기다린다.

어느 유형의 부모가 더 좋은 부모일까? 많은 부모들이 목수형으로 아이를 키운다. 단번에, 그리고 빨리 아이의 마음을 깎고 다듬으려고 한다. 부모의 손에는 아이의 마음을 깎을 대패가 하나씩 쥐어져 있고, 마음에 들지 않는 구석을 발견하면 즉시 깎아내려고 달려든다. 하지만 목수 같은 부모는 실패할 확률이 높다. 아이는 생명 없는 목재가 아니기 때문이다. 아이는 타고난 기질과 에너지와 호흡을 갖고 있다. 진흙이나 목재와 달라서 자기 고유의 생명 논리가 내재된 아이를 부모가 강제로 성형하는 것은 불가능하다. 정원사처럼 환경을 조성하며 기다리는 게 맞다. 화초가 태양을 향해 마음껏 자라도록 공간을 마련해 주는 정원사가 되어야 한다. 명백히 잘못된 행동을 했을 때는 야단 치고 좋은 선택을 할 수 있도록 조언하고 충분히 사랑하면서 아이의 생명력이 발현되도록 기다려야 한다.

아이를 부모의 뜻대로 깎아내려는 시도가 실패하는 또 다른 이유는 사람은 천천히 변하기 때문이다. 오랜 설득과 진심 어린 소통은 아이를 바꿀 수 있다. 화초를 기르듯이 기다려야 한다. 대패질로 나무를 깍듯이 아이를 지금 당장 바꾸겠다는 시도는 위험하다. 그런 조바심이 강압적인 부모를 만들고 아이에게 상처를 남기고 부모와의 관계를 망친다.

부모 마음속의 대패를 버리고 차분하게 아이를 기다려야 한다. 그래야 부모의 마음도 편안해지고, 마음이 편안해지면 언어가 다정해진다. 그런 말을 듣고 자란 아이는 상처 없이 깨끗하고 밝다.

아이에 대한 비현실적인 기대를 접어야 잔소리가 순해진다

[자녀에 대한 부모의 기대치 변화]

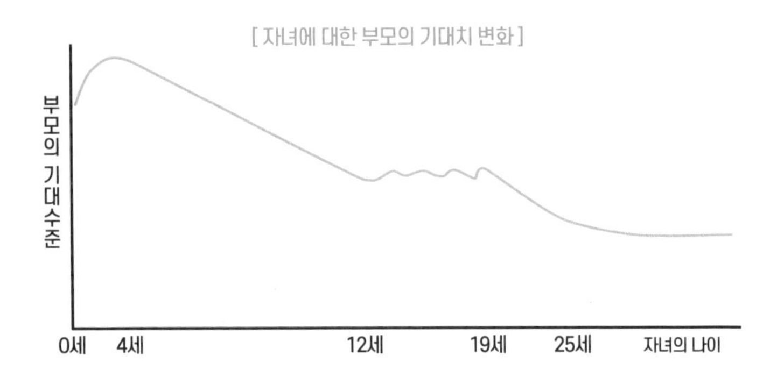

우리 부부의 양육 시절을 돌아보고 지인들을 관찰해서 그린 그래프가 있다. '자녀에 대한 부모의 기대치 변화' 그래프다. 여기서 '기대'는 성적, 진학, 취업을 가리킨다.

보통 자녀에 대한 부모의 통속적 기대는 일정한 양상을 보인다. 초기에 급상승했다가 오랫동안 하락하는 추세를 보인다. 갓 태어난 만 0세의 아이에게는 기대할 것도 없다. 부모는 아무런 바람 없이 꼬물거리는 아이에게 푹 빠져든다. 그런데 이 아이가 말과 글을 배우면서 기대감이 급상승한다. 우리 아이가 눈부신 천재로 보이기 때문이다. 대부분의 부모가 아이의 비범한 언어 능력과 기억력에 감탄하는데, 아이 나이 네 살 전후일 때 특히 그렇다.

그런데 아이가 유치원과 초등학교에 입학하면 부모의 기대치는 서서히 내려간다. 객관적인 눈으로 아이를 파악하게 되면서 내 아이가 세상에서 가장 똑똑하고 천부적인 재능을 지닌 천재가 아니라는 게 점점 분명해지기 때문이다. 부모의 기대치는 대부분 초등학교 6학년까지 계속 하강한다.

중고등학교 때는 성적에 따라 부모의 기대치가 작은 진폭으로 상승과 하강을 반복하다가 열아홉 살 대입이 결정된 후 낮아진다. 소위 말하는 좋은 대학에 합격했다고 해도 특출나게 공부 잘하는 몇몇 아이를 제외하고는 대부분 원래 목표보다는 낮은 결과라서 아이도 부모도 모두 실망하거나 아쉬워하는 경우가 많다. 이후 대학 생활을 하다 보면 대학 졸업장을 받는다고 밝은 미래가 보장되는 건 아니라는 현실을 자각하면서 기대치가 점점 낮아진다.

이후 취업은 기쁜 일이지만 마음에 딱 맞는 최고의 직장에 취직하는 사람은 거의 없으니 스물다섯 살 전후의 취업 또한 실망을 동반한다. 이후에는 부모의 기대가 큰 변화 없이 유지된다. 걱정이나 기대가 사라지지는 않지만 이제부터는 부모가 간섭하거나 기여할 수 있는 부분이 없기 때문에 무감각해지는 것이다.

물론 이 그래프는 불완전하다. 부모의 성향이나 아이의 특성에 따라 기대치의 변화 양상이 다를 것이다. 또한 이 그래프는 성적과 대입 등 세속적인 성공에 대한 기대치의 변화를 다루고 있기 때문에 정신적 가치에 기대를 두는 부모라면 변화 추세가 전혀 다를 것이다.

그럼에도 이 그래프를 소개한 이유가 있다. 부모가 가진 기대감의 운명을 설명하고 싶어서다. 대부분의 육아는 높은 기대에서 시작해 낮은 기대로 끝난다. 부모의 기대는 처음에는 두둑했다가 끝에는 홀쭉해진다. 뱃살을 줄여야 좁은 토굴을 빠져나올 수 있는 토끼처럼, 부모도 기대 다이어트를 마친 후에야 육아를 끝낸다.

육아는 기대 접기의 과정이라고 해도 틀린 말이 아니다. 사실 기대 접기는 슬픈 일이 아니다. 오히려 성숙한 사랑의 지표다. 아이에게 기대를 하지 않는다는 건 아무 바람 없이, 갓난아기일 때 아이를 사랑했던 것처럼 순수한 사랑을 회복한다는 의

미다. 양육이 끝나면 부모는 그제야 그동안 아이에게 가졌던 기대, 바람, 욕심을 버린다. 그리고 내 아이의 존재 자체를 사랑하게 된다.

그러니 위 그래프를 보면서 아이에 대한 기대감을 잘 조절했으면 한다. 부모의 기대 수준을 적극적으로 조절해야 한다. 아이에게 아무런 기대도 하지 말자는 뜻이 아니다. 물론 높은 기대를 하고 높은 목표를 설정해야 아이가 발전하는 건 당연하다. 하지만 지나치게 높은 기대는 아이가 원하지 않는 고통을 가져온다. 부모도 고통스럽다. 아이에게 조바심을 치게 되고 독한 잔소리를 내뱉게 된다. 부모와 아이가 충돌하고 관계가 무너지는 이유도 바로 아이에 대한 이런 과한 기대 때문이다.

기대가 과도하다는 건 어떻게 알 수 있을까? 지표가 있다. 아이가 성취를 이루어도 만족스럽지 않고, 그런 결과의 원인이 아이가 노력하지 않고 무능력해서라는 생각이 든다면 지금 잘못된 길을 가고 있다는 뜻이다. 그때는 채찍질을 멈추고 자신을 돌아봐야 한다.

과도한 기대감을 갖지 않으려면 행복의 원리를 상기하면 좋다. 수조 원 자산가에서 안빈낙도 자연인까지 누구나 경험을 통해서 알게 되는 행복의 등식이 있다.

$$행복 = \frac{성취}{기대치}$$

이 간단한 등식은 행복해지려면 두 가지 방법이 있다고 알려준다. 첫째, 더 많은 성취를 한다. 학교에서 1등을 하고 좋은 대학에 가고 큰 부자가 되는 것이다. 그게 고달프다면 둘째, 기대치를 낮춘다. 가령 꼴찌도 행복할 수 있다고 믿고 평범하게 살며 하루하루 즐겁게 살기로 마음먹는다면 1초 만에 우리는 행복해질 수 있다.

물론 그렇다고 자신의 인생에 아무런 기대도 하지 않는 건 조금 밋밋하다. 재벌이 되어 부를 얻고 노벨상 수상자가 되어 명예를 얻지는 못해도 자신의 능력과 가치관 안에서 의미 있고 소중한 걸 이루어야 삶이 충만해지는 것도 사실이다. 따라서 삶의 행복을 위해서는 성취와 기대치의 비율을 적절히 조절해야 한다.

양육도 비슷하다. 부모는 아이가 더 많은 것을 성취하면서 삶의 기쁨을 맛볼 수 있도록 돕는 동시에 자신의 기대감을 시시때때로 조절해야 한다. 비율 조절에 실패해서 기대감만 높은 부모는 괴롭다. 마음이 괴로우니 나쁜 잔소리와 비난을 퍼부어서 아이의 마음에 평생 흉터를 남긴다. "너는 왜 이것밖에 못하니?" "정말 실망스럽다." 하는 아픈 말을 순간순간 뱉는 것이다.

기대하지 않으면 아이의 잠재력을 꽃피울 수 없다. 반대로 기대가 너무 높으면 오히려 아이의 성장을 저해하고 아이 마음에 상처를 남긴다. 기대 수준을 적절히 조절하는 능력이야말로 좋은 부모의 중요 요건이다.

2부

아이 마음이 단단하고 따스해지는 잔소리

3장

아이 마음이 밝아지는 잔소리

넌 왜 이렇게 잘못한 게 많니?
딱 하나만 얘기할게

사실 아이에 대한 욕심을 버리기는 어렵다. 아기를 갖는 순간 부모는 자기도 모르게 완벽한 아이를 꿈꾼다. 공부 잘하는 아이, 창의적이고 개방적인 아이, 다양한 분야의 책을 즐겁게 읽는 아이, 친화력과 리더십이 뛰어난 아이, 밝고 긍정적으로 말하는 아이, 진취적이고 책임감이 강한 아이, 건강하고 운동을 잘하는 아이, 감정 조절 능력이 뛰어난 아이…. 누구나 그렇게 완벽한 아이로 키우고 싶어 한다. 바람은 무해한 자유지만 바람이 욕심이 되면 문제다. 아이를 슈퍼 인간으로 키우려는 욕심이 아이에게 해를 끼친다. 잔소리만 봐도 그렇다. 부모의 욕심은 끝없는 잔소리의 원천이 된다. 꼬리에 꼬리를 문다.

"너 숙제했어? 양말은 왜 또 아무 데나 벗어놨어? 너 오늘 학교에서 수업시간에 떠들었다며? 아빠가 말하는데 표정이 그게 뭐야? 너 정말 혼 좀 나볼래?"

아이를 사랑하기 때문에 저토록 많은 잔소리를 쏟아내는 것일까? 아니라고는 할 수 없지만 욕심이 빚어낸 잔소리라는 것 또한 부정할 수 없을 것이다. 욕심이 많을수록 잔소리의 양은 늘고 질은 떨어진다.

잔소리에도 선택과 집중의 전략이 필요하다. 숙제, 학교생활, 태도 등에서 하나만 골라 지적해야 한다. 그래야 아이가 잔소리를 견딜 수 있고 기억하고 고칠 수도 있다.

(가장 중요한 잔소리를 가장 먼저 한다) "숙제는 했니?"

(30분 정도 지나서 아이 기분이 좋다 싶으면) "왜 양말은 아무 데나 벗어놨니?"

(30분 정도 지나서 잔소리를 해도 될 분위기면) "학교에서는 왜 소란을 피운 거야?"

위와 같이 아이 마음을 배려하면서 시차를 두고 잔소리를 하는 것이 효과적이다. 만일 잔소리할 분위기가 아니라면 가장 중요한 잔소리 하나만 해도 충분하다. 절제해야 잔소리의 효과가 높아진다.

하고 싶은 말을 다하면 속이야 시원하겠지만 부모 속 시원하려고 잔소리를 하는 건 아니다. 아이를 위한 잔소리다. 아이가 반드시 고쳤으면 하는 문제를 선별해서 명확히 짚어주는 게 좋다.

'딱 하나 잔소리'도 비슷한 유형이다. 여러 가지 잔소리거리 중에서 하나만 부탁하듯 말하는 것이다.

"요즘 네가 힘들어서 예전과는 다른 행동을 하는 것 같아. 그런데 다른 건 몰라도 딱 하나, 엄마 아빠한테 투덜대고 짜증내는 태도는 고쳤으면 좋겠어. 엄마 아빠는 네 이야기를 듣고 싶거든. 마음을 좀 편안하게 가져보면 어떨까? 좋은 마음으로 이야기해 줄 때까지 기다릴게."

들을 만한 잔소리가 있다. 아이들도 생각이 있고 의견이 있기 때문에 부모가 말이 되는 소리를 하면 설령 그게 잔소리라도 듣는다. 물론 앞에서는 듣는 척도 안 하는 것처럼 굴기도 하지만, 그 잔소리가 자신의 잘못을 부드럽게 지적하고 고치기를 바라는 잔소리라면 언젠가는 조용히 따른다. 성장하는 아이들은 미숙하고 불완전하다. 그러니 태도도 서툴고 잘못된 점이 많을 수밖에 없다. 그럴 때마다 일일이 그것을 다 지적하면서 당장 고쳐라, 빨리 고쳐라 강요하는 건 아이들에게는 피곤한 잔소리일 뿐이다. 아이가 정말 그 문제를 고치길 바란다면 간략하고 명확하고 단호하게 한 가지만 지적하자.

말하자면 핀셋 잔소리를 해야 한다. 무한 폭격 잔소리는 효과도 없고 관계도 망친다. 소중한 잔소리를 아끼자. 잔소리는 엄선할 수록 효과가 강력해진다.

그건 네가 잘못한 거야
그건 엄마가 잘못했어

부모의 착한 잔소리는 정당하다. 아이의 언행이나 습관을 교정하고 통제하는 언어 개입은 양육의 필수 요소다. 그러나 가혹하거나 부당한 잔소리는 나쁘다. 그런 나쁜 잔소리 중 하나가 책임 전가형 잔소리다.

2022년 가을 경기도의 한 지하철역 부근에서 마을버스를 탔을 때의 일이다. 내가 앉은 뒷좌석에 40대 남자와 초등학생 두 딸이 앉아 있었다.

아빠: 앗, 없네?

큰딸: 뭐가?

아빠: 너 약봉지. 아까 휴대폰 매장에 두고 왔나 보네.

큰딸: 어떡하지?

아빠: 어떡하긴 다시 가야지. 니가 아까 거기서 장난치는 거 말리느라 신경 쓰다가 두고 온 거잖아. 넌 왜 그렇게 장난이 심하니?

큰딸: (조심스럽게 항변하려는 듯) 그게….

작은딸: (빠르게 끼어들며) 언니 빨리 잘못했다고 해.

큰딸: 죄송해요. 제가 잘못했어요.

아빠: 알면 됐어. 그러니까 제발 다음부터는 그러지 마.

실수를 저지른 건 아빤데 자신의 잘못을 딸에게 뒤집어씌우는 현장이었다. 유치한 책임 회피다. 세 사람의 대화를 듣다 보니 "아이에게 책임을 뒤집어씌우는 건 민법이나 형법에는 어긋나지 않지만 도덕적으로 옳지 않아요"라고 말하고 싶은 마음이 굴뚝같았지만, 남의 일에 끼어들었다가 어떤 화를 당할지 몰라 그냥 입을 꾹 다물었다.

아이들은 가끔 이렇게 어른들의 화풀이 대상이 되거나 문제의 원흉이 된다. 잘못은 어른이 한 게 명백한데도 말이다.

"너 때문에 이렇게 됐잖아."

"너 때문에 괴롭다, 괴로워."

"너 때문에 정신이 하나도 없어. 제발 조용히 좀 해."

"너까지 왜 이러니?"

"너 정말 아빠 화나게 할 거야?"

"너 때문에 엄마 아빠가 싸워도 좋아?"

많은 부모가 이런 식으로 자녀에게 책임을 전가한다. 자신의 후회, 낭패감, 불안, 혼란 등의 원인을 아이에게 떠넘긴다. 자신의 감정은 자기가 책임져야 하는데 그걸 혼자 감당하거나 해결하지 못해 아이에게 화살을 돌리는 것이다. 마을버스 아빠만 그런 게 아니다. 아무 잘못 없는 아이에게 책임을 떠넘기고 비난하며 죄책감을 심어주는 부모가 아주 많다.

왜 그럴까? 아이에 대한 특권 의식이 깔려 있기 때문이다. 쉽게 말해 아이가 만만한 상대인 것이다. 부모의 빈약한 감정 조절 능력도 원인이다. 당혹감, 불안, 긴장 같은 자기감정을 스스로 다스릴 수만 있어도 아이를 감정의 쓰레기통으로 쓰지는 않을 것이다.

또 다른 이유가 있다. 부모들은 아이가 잊을 거라고 생각한다. 욕도 아니고 폭력적인 말도 아니니까 금방 기억에서 지워질 거라고 생각하기 때문에 책임 전가 잔소리를 부담없이 쏟아내는 것이다. 하지만 헛된 기대다. 아이들은 다 잊어버린 듯해도 다 기억한다.

아마 대부분 자신의 어린 시절을 돌아봤을 때 상처받았던 생생한 기억들이 한 개쯤은 있을 것이다. 우리 부부도 30~40년 전의 아픈 기억이 뇌리에 새겨져 있다. 가령 아내는 부모님이 사주기로 했던 인형을 동생에게만 사주고 자신에게는 사주지 않았던 그 순간을 기억한다. 나는 공부하기 싫다는 말 한마디에 아버지에게 거꾸로 들려 야단 맞았던 순간을 머릿속에 저장해 놓고 있다. 부모의 생각과 달리 아이들은 오래전에 겪은 나쁜 기억을 쉽게 잊지 못한다.

설령 기억하지 못한다 해도 이런 일을 반복적으로 겪은 아이들은 자신을 대하는 부모의 태도와 화법과 분위기를 내재화한다. 고등학교 친구를 오랜만에 만났을 때를 떠올려 보자. 어떤 친구는 무척 반갑고 어떤 친구는 어쩐지 어색해서 멀리하게 된다. 수십 년 전에 어떤 일이 있었는지 정확하게 기억하지는 못하지만 그들과의 사이에서 느꼈던 감정은 남아있는 것이다. 미국의 시인 마야 안젤루Maya Angelou는 이런 말을 남겼다.

> 사람들은 당신이 말한 것을 잊을 것이다. 당신이 했던 행동도 잊을 것이다. 그러나 사람들은 당신의 느낌은 절대 잊지 않는다.

부모도 마찬가지다. 나를 존중해 준 부모에게는 무한한 신뢰와 안정감을 느낄 테고, 나를 무례하게 대하고 비난하고 분풀이하는 대상으로 여긴 부모에게는 거리감과 불편함을 느낀다. 아픈 기억을 뇌는 잊어도 감정은 기억한다. 그러니 어른들은 아이를 함부로 대하지 말아야 한다. 아이에게 책임을 떠넘기면 안 된다. 잘못 없는 아이를 함부로 비난해서도 안 된다. 아픈 기억이 아이 정서 속에 다 저장되었다가 평생 발현된다고 생각하면 저절로 조심하게 될 것이다.

그리고 혹 잘못을 했다면 부모가 깨끗하고 신속히 사과해야 한다. 부모의 사과는 오히려 아이에게 큰 감동을 줄 수 있다. 이렇게 말하면 된다.

"이 문제는 너의 잘못도 있지만 아빠 잘못도 커. 아빠도 반성할게."

"그래, 엄마가 오해했고 실수했어. 사과할게."

'관계의 1:5 법칙'이라는 게 있다. 미국의 심리학자 존 고트먼John Gottman의 유명한 이론인데 내용은 간단하다. 나쁜 반응을 한 번 보였으면 좋은 반응을 다섯 번 보여야 관계가 유지된다는 것이다. 존 고트먼은 남녀관계를 연구했는데 1:5의 긍부정 반응 비율을 지켜야 부부가 이혼하지 않고 행복하게 살았다고 설명했다.

부모 자녀 관계도 다르지 않을 것이다. 부모는 긍정적 반응을 다섯 배 이상 보여야 한다. 아이에게 책임을 미루거나 비난하는 잔소리를 한 번 했다면, 그다음에는 따뜻한 말을 다섯 번 해야 한다. 그래야 아이 마음이 밝아지고 부모와 자녀의 관계가 건강하게 유지된다고 볼 수 있다.

그러면 어떤 것이 긍정적 반응일까? 존 고트먼이 소개한 것 중에서 다섯 가지를 소개하면 이렇다.

① 관심 보이기

② 애착 표현하기

③ 상대가 중요하다고 말해주기

④ 감사와 사과 표현하기

⑤ 상대의 관점을 받아주기

나쁜 기억이 더 강하고 오래간다. 좋은 기억은 약하다. 그러므로 좋은 기억은 물량으로 밀어붙여야 한다. 어른에 비해 마음이 여린 아이들에게는 좋은 기억이 더더욱 많이 필요하다. 아이들은 친절하고 다정한 잔소리 수다를 기다린다.

친구한테는 말만 잘하면서 엄마한텐 왜 그래?

친구처럼 들어줄게

친구들과는 쉴 새 없이 얘기하면서 집에만 오면 입을 닫는 아이들이 많다. 부모가 아무리 대화를 시도하려고 해도 아이의 반응은 무응답. 이런 상황에 부딪힌 부모는 아이에게 배신감을 느끼며 버럭 화를 내곤 한다. 아이의 입장을 무시하고 대화를 강요하면서 잔소리를 퍼붓는 것이다.

"친구한테 말하는 거 반의반만 집에 와서 말해봐."

"친구들한테는 친절하면서 아빠한테는 왜 그렇게 못되게 굴어?"

논리는 없고 감정만 잔뜩 담긴 잔소리다. 누군가와 대화를 나눌 때는 논리적이고 설득력이 있어야 한다. 감정만 가득한 말은 듣는 사람을 지치게 만든다.

부모와 대화하지 않는다고 무조건 아이를 몰아세울 것이 아니라, 왜 아이가 부모와 대화하려 하지 않는지 이유부터 생각해 봐야 한다. 이유는 분명하다. 친구와는 말이 통하고 편하기 때문이다. 친구는 나의 말을 평가하거나 비판하지 않는다. 따지고 들지도 않는다. 찬찬히 듣고 이해해 주고 위로해 준다. 그러니 마음이 편안해진다.

반면에 부모는 아이의 말을 편하게 듣지 않는다. 아이에게 어떤 일이 일어난 건 아닐까 불안해하고 걱정하고, 그러다 보니 아이의 말에 끼어들고 아이의 행동을 평가하고 아이의 말을 비판한다. 이해해 주고 위로하기보다는 훈계하려고 한다. 아이가 입을 닫을 수밖에 없다. 아이가 왜 대화하기를 꺼려하는지 이유부터 찾으려 하지 않고 아이를 다그치는 건 아이와의 관계를 더 틀어지게 만들 뿐이다. 아이의 상황을 이해하고 인정하면서 요청하는 화법이 좋다.

"그래, 엄마 아빠랑 얘기하는 것보다는 친구랑 얘기하는 게 더 좋겠지. 이해해. 엄마 아빠는 네 말에 트집만 잡고 가르치려 드니까. 엄마가 생각해도 너랑 얘기할 땐 늘 그랬던 것 같아. 엄마도 고치려고 노력할 테니까 너도 네 생각을 좀 더 많이 얘기해 줄 수 있어?"

부모의 경험을 솔직히 말하는 방법도 좋다.

"아빠도 네 나이 때는 친구들과 이야기하는 게 훨씬 좋았어. 엄마 아빠하고 얘기하면 벽 보고 얘기하는 것 같았지. 하지만 아빠는 그런 아빠가 되지 않으려고 노력할 거야. 친구처럼 네 얘기를 들어줄 테니까 너도 네 마음을 얘기해 줄래?"

물론 부모가 친구처럼 아이의 이야기를 들어주는 건 쉽지 않다. 입장이 다르기 때문이다. 친구는 우리 아이를 자기만큼, 혹은 자기보다 덜 사랑하지만 부모는 아이를 자신보다 훨씬 사랑한다. 그래서 더 걱정되고 불안하기에 자꾸 부모의 입장에서 이야기를 듣게 되는 것이다.

그래도 변하지 않는 사실이 있다. 부모의 걱정이 너무 크면 아이는 대화를 기피한다. 부모의 사랑이 너무 깊으면 자녀와 멀어진다. 무관심한 척 걱정하지 않고 평가도 하지 않는 부모가 아이의 친구가 될 수 있다.

겨우 70점이야?
너는 더 능력 있는 아이야

말은 쉽지만 현실은 어렵다. 누누이 강조했지만 육아는 욕심과의 전쟁이다. 욕심을 적절히 조절하면 육아에서 승리한다. 하지만 아이의 학업 문제에서는 욕심을 버리기 어렵다. 그래서 아주 몹쓸 잔소리를 하게 된다. 아이의 성적이 나빠지면 대부분의 부모는 아픈 잔소리를 늘어놓는데 유형도 다양하다. 먼저 아이의 노력을 부정하는 잔소리다.

"너는 왜 이거밖에 못하니?"

"열심히 한다고 해놓고 겨우 이 점수를 받아 온 거야? 공부 안 하고 딴짓했지?"

모욕적인 말이다. 점수가 어떻게 나왔든 아이의 노력을 긍정해 줘야 한다. 그리고 낮은 점수라 할지라도 성적이 올랐다면 마음껏 칭찬해 줘야 한다. 그런데 이 쉬운 게 현실에서는 어렵다. 우리 부부도 그랬다. 아이의 성적에 실망해서 모진 잔소리를 했고, 그때마다 아이는 울었다. 하지만 우리는 그 울음이 훈육의 효과라고 생각했다. 뭘 잘못했는지 눈물을 흘릴 만큼 확실히 알아야 아이가 똑같은 실수를 저지르지 않는다고 믿었다. 가학적인 잔소리가 아니었나 싶다.

"이거 밖에 못하냐?"는 야단은 그동안 아이의 시간과 노력을 부정하는 말이다. 시험을 못 보는 이유는 너무나 많다. 공부가 준비 안 된 이유도 있겠지만, 시험 당일 지나치게 긴장을 했다거나 공부 방법이 잘못 됐다거나 시험 시간에 집중하지 못했기 때문일 수도 있다. 그런 다양한 이유는 무시한 채 아이가 공부하느라 겪은 정신적 고통과 자기 절제를 무가치한 것으로 깎아내리는 것은 너무나 편협하고 일방적인 태도다.

물론 학습 성과를 평가하고 필요하다면 독려하는 건 부모가 할 일이다. 이왕 하는 공부라면 최선을 다해 성취를 이루었으면 하는 게 부모 마음이고, 아이에게도 해가 될 것이 없다. 하지만 아이의 노력 자체는 충분히 칭찬하고 격려해 줘야 한다. 대신 인정과 부정의 균형을 맞추면 더 좋은 잔소리가 된다.

"70점을 받았다고? 네가 노력한 건 엄마도 다 알아. 박수 쳐줄 일이야. 하지만 학생이니까 성적 관리는 꾸준히 해야 해. 다음에는 더 열심히 해서 80점 맞아보자. 응원할게."

아이의 노력을 인정하고 지금 성적에 만족하면 안 된다고 조언하고 새로운 목표도 제시했다. 성적이 떨어지거나 생각보다 안 나오면 제일 속상한 건 아이 자신이다. 그런 아이의 입장을 생각해서 아이에게 다시 동기 부여를 해야 좋은 잔소리다.

'극찬 잔소리'도 좋은 방법이다. 아이의 정체성을 드높여서 학습 동기를 일으키는 것이다.

"70점을 받았다고? 너처럼 똑똑하고 성실한 아이한테는 어울리지 않는 점수인 것 같은데? 문제점이 뭔지 찾아보자."

"이번에는 70점이지만 다음에는 더 높은 점수를 받을 거야. 분명해. 왜냐하면 너는 엄청난 잠재력을 가진 아이거든. 조금만 더 노력하면 그 잠재력이 폭발할 거야."

점수에 주목하기보다는 아이가 가진 잠재성에 주목하면서 아이를 독려하는 잔소리다. 남발하면 속셈이 들통나는 잔소리지만 적절히 쓰면 아이의 정체성까지 바꿀 수 있다. 아이가 스스로를 성실함이 어울리며 큰 잠재력을 가진 존재로 새롭게 볼 수 있다. 아이의 학습 태도도 따라서 변하게 된다.

아이의 학업 성취가 어떤 수준이건 부모는 욕심을 조절하려고 애써야 한다. 욕심이 많아지면 부모 마음이 불편하고 불편한 부모는 아이를 괴롭히게 된다.

욕심을 진정시키는 방법이 하나 있다. 우리 부부가 자주 시도했던 방법인데 '상실 상상'이다. 내가 가진 것을 상실했다고 상상해 보는 것이다. 될 수 있는 대로 구체적으로 상상하고 시각화하는 게 좋다. 가령 무능력한 남편이 갑자기 사라져 버린다면 어떨까 상상하는 것이다. 시각화도 해본다. 남편 없이 식사하는 가족의 모습을 그려보는 것이다. 혹은 아이의 학습 능력이 더 떨어져 허구한 날 50점을 받아온다면 어떨까 상상해 본다. 시험지나 성적표를 눈앞에 그려보는 것이다. 많지 않은 재산이 절반쯤 줄어든다고 상상할 수도 있다.

욕심병의 좋은 치유책은 이런 상실 상상이다. 상실을 상상하면 현재 가진 것에 감사하게 되고 마음에 평화가 깃든다. 우리 부부는 이 상상력의 렌즈를 최대한 줌아웃해서 더 멀리에서 우리 삶을 보려고 노력했다. 아이가 속을 썩이든 아니든 그 아이와 함께 보낼 시간이 그리 길지 않다는 걸 상상했다. 눈 깜빡하고 나면 아이는 어른이 될 테고 또 한 번 깜빡하면 우리도 생을 다할 것이다. 그렇게 상실을 상상하면 지금의 아이가 그저 소중하고 고맙다.

시험 삼아 지금 가진 것을 모두 잃어버린다고 상상해 보자. 머지않아 아이와도 이별한다는 걸 기억하자. 잔소리가 한결 따뜻해지고 다정해질 것이다.

싸우지 말고 늦지 말고 재미있게 놀아

재미있게 놀아

부모는 원통하다. 아이에게 분한 기분이 들 때가 있다. 나름 고심해서 조심스럽게 조언했는데 아이가 짜증을 내거나 화를 내면 아무리 어른이고 부모라도 울컥 감정이 치솟는다.

우리 아이가 중학교 1학년 때 있었던 일이다. 아이 생일을 맞아 친구 몇몇을 초대해 소소하게 생일 파티를 해주었고, 배려심이 넘치는 부모답게 자리를 일찍 피해주기로 했다. 자리를 떠나며 내가 말했다.

"친구들한테 친절하게 대해주고 재미있는 시간 보내. 너무 늦지 말고. 엄마 아빠가 사랑하는 거 알지? 생일 축하해."

어디 하나 거슬리는 말이 없지 않은가. 부드럽고 차분하게 사랑의 말을 전해주었을 뿐이다. 그런데 아이의 표정은 달랐다. 말이 끝나자마자 아이는 얼굴을 일그러뜨리며 우리를 화난 눈길로 바라보았다.

이유를 알 수 없었다. 나쁜 말이 아니지 않는가. 그런데 친구들 앞에서 부모를 그렇게 노려볼 이유가 뭐였을까. 아무리 생각해도 이해할 수가 없어서 나는 집에 돌아오자마자 맥주를 들이켰다. 분하고 화가 났다. 물론 이런 일이 처음은 아니었다. 도대체 뭘 잘못했는지 알 수 없는데 아이는 짜증을 부리고 화를 내는 경우는 여러 번 있었다. 영문을 모르는 부모에게 아이의 반응은 무례하게 보일 뿐이다. 아무리 부모라지만 이렇게 모든 걸 참아가며 아이를 키워야 하나 역정이 나기도 한다.

그런데 한참 뒤, 아이가 자라고 나도 아이를 대하는 마음이 변하면서, 그리고 다양한 육아서를 접하면서 아이가 그날 왜 그렇게 화를 냈는지 알게 되었다. 화법의 잘못이었다. 잔소리를 기술적으로 하지 못한 것이다. 같은 말이어도 어떻게 말하느냐에 따라 아이의 반응은 전혀 달라진다. 중요한 요소는 다섯 가지다.

횟수: 잔소리 혹은 충고를 몇 번이나 반복하나.

강도: 잔소리 혹은 충고가 강압적인가 부드러운가.

상황: 아이가 누구와 있는가 그리고 아이의 기분은 어떤가.

부모와의 신뢰도: 평소 아이는 부모를 얼마나 믿나.

아이의 민감도: 아이 성격이 민감한가 아니면 무던한가.

잔소리의 성패를 결정하는 5대 요소다. 이렇게 정리하고 돌아보니 그날 생일 파티에서 내가 어떤 잘못을 했는지 알게 되었다.

먼저 상황을 고려하지 않았다. 아이는 친구들 앞에서 이런 저런 잔소리를 듣는 게 창피하고 싫었던 것이다. 신나는 생일 파티 자리인데 친구한테 친절해라, 너무 늦지 마라 잔소리를 한 것도 마음에 들지 않았을 것이다. 게다가 아이와 그렇게까지 신뢰가 단단한 것도 아닌데 갑자기 사랑한다면서 평소에는 하지도 않던 말을 한 것도 무척이나 불편했을 것이다.

나는 그제야 반성했다. 아이의 반응이 옳았다고는 할 수 없지만 그 마음이 이해되었다. 아이들은 친구들 앞이어서 더 민감했던 것이고, 우리가 평소와 달리 지나치게 다정하게 구는 것도 불편했던 것이다. 그런 깨달음이 오니 아이에게 서운했던 마음이 눈 녹듯 사라졌다. 오랫동안 쌓아두었던 감정에서 벗어나니 해방감마저 느껴졌다. 그렇다면 그날 아이에게 어떻게 말했어야 했을까?

"재미있게 놀아. 그리고 생일 축하해."

이 말이면 충분했다. 친구와 사이좋게 지내라느니, 친구를 친절하게 대하라느니, 늦지 말라느니, 사랑한다느니 하는 쓸데없는 말은 하지 않는 게 좋았다. 그래야 이 간단한 말 속에 담긴 진심이 아이에게 더 강하게 전달된다.

운전면허 없이 운전하는 사람은 없다. 그런데 잔소리 공부 없이 잔소리하는 부모는 참 많다. 잔소리는 운전 이상으로 복잡 미묘할 뿐 아니라 자칫하면 상처도 크게 남기는데 말이다. 자동차를 겁없이 모는 건 위험하다. 잔소리도 겁을 내야 한다. 공부해 가면서 조심조심 잔소리해야 한다.

아빠 말 잘 들어봐
너의 조언을 듣고 싶다

모든 부모는 조언하기를 좋아한다. 부모뿐만이 아니다. 학교나 직장 선배, 친척, 선생님 등 나보다 연배가 높은 사람들은 조언하기를 좋아한다. 조언 자체가 즐거워서라기보다는 조언으로 상대가 바뀔 수 있다는 희망을 품기 때문이다. 그러다 보니 특히 아이를 키우는 부모는 아이에게 툭하면 조언을 가장한 잔소리를 늘어놓는다.

"요즘 친구들하고 사이가 좋지 않은 것 같더라. 아빠 말 잘 들어봐."
"이번 달에 너 학원에 서너 번 지각했지? 지각은 나쁜 거야. 신뢰도를 스스로 낮추는 일이거든. 그리고…."

좋은 의도에서 시작한 잔소리라는 건 아무도 부인할 수 없다. 사랑과 경험이 녹아 있어 영양가 높은 조언이다. 그런데 문제가 있다. 조언하는 사람은 희망에 차 있지만 듣는 사람은 괴롭다는 점이다. 아이라고 다르지 않다. 아이에게도 주체성은 생명이다. 잦은 조언은 자신의 주체성이 침해되는 것 같은 기분을 준다. 그러니 듣기 싫을 수밖에 없다.

그러면 어떻게 해야 할까? '역지사지'를 떠올리면 된다. 조언하는 기분을 아이도 느껴보게 하는 것이다. 쉽게 말해 역할 바꾸기 놀이다. 아이에게 도움을 청해보자.

"너한테 딸이 하나 있다고 하자. 그런데 그 사랑스러운 딸이 알림장을 써오지 않는 거야. 네가 엄마라면 뭐라고 말해주겠니?"

"아빠가 요즘 엄마를 무시하는 것 같아. 엄마가 말을 시켜도 들은 척도 하지 않거든. 어떻게 해야 할까?"

"엄마가 요즘 너무 게을러진 것 같아서 걱정이야. 오늘은 엄마가 설거지 당번인데 TV만 봤다니까. 출근도 귀찮아. 어떡하지?"

조언을 하기 위해서 아이는 수준 높은 사고 단계를 거쳐야 한다. 상황을 이해하고 잘잘못을 판단한 뒤 대안을 찾는 과정을 거친다. 아이에게 조언을 구하면 아이의 사고능력만 향상되는 게 아니라 표현력도 좋아진다. 적절한 어휘를 고르고 바르게 배치해야 하기 때문이다.

조언을 하는 아이는 자신의 도덕관도 갖게 된다. 가령 위의 질문을 들은 아이는 성실, 존중, 약속 등에 대한 가치관을 스스로 만들고 도덕관을 세울 것이다. 그러니 아이의 문제 행동이 빠르게 개선될 가능성이 열린다.

조언의 권리는 귀한 자원이다. 그걸 부모가 독점하기보다는 아이에게도 나누어주면 교육적인 효과가 커진다. 인정받은 기분이 들기 때문이다. 그러니 아이에게 가끔 조언을 청해보자. 아이의 자존감은 높아지고 아이는 갈수록 현명해진다. 조언의 역할 바꾸기, 쉬우면서도 효과 좋은 잔소리 기술이다.

4장

아이 마음이 튼튼해지는 잔소리

너는 어려서 못해

지난번보다 훨씬 나아졌네

미국의 사전 출판사 메리엄웹스터가 2022년 올해의 단어로 선정해 유명해진 개념이 '가스라이팅gaslighting'이다. '타인의 심리를 교묘하게 조작해서 지배하는 행위'를 뜻하는 개념으로 연극 〈가스등GasLight〉에서 유래했다. 연극은 잭이라는 남성이 가스등(가스라이트)을 이용해 아내(벨라)를 정신적으로 지배하는 과정을 다루었다. 남자는 가스등 밝기를 몰래 바꿔놓고는 아내가 불빛 밝기가 달라진 것 같다고 말할 때마다 변한 건 없다고 말한다. 때로는 집 안에서 소음을 일으키고는 자신은 들리지 않는 척 연기를 하기도 한다. 이런 상황에 처한 여자는 자신의 인지 능력에 문제가 생겼다고, 즉 자신이 미쳐간다고 믿게 되고 마침내 남편의 지배를 받아들이게 된다.

이 가스라이팅이 잔소리와 무슨 관계일까? 뜻밖에도 가스라이팅은 사랑하는 부모와 자식 간에도 일어난다. 잔소리를 통해서 말이다.

"니가 그걸 어떻게 해. 넌 아직 어려서 못해. 엄마가 해줄게."
"네 생각대로 하면 안 돼. 아빠가 시키는 대로 해야 실수가 없어."

아이를 보살피고 싶고 아이가 최선의 선택을 할 수 있도록 돕고 싶어서 하는 말이지만 이런 말은 아이가 스스로를 무능하다고 믿게 만든다. 무엇 하나 혼자서 할 수도 결정을 내릴 수도 없는 상황을 여러 번 겪다 보면 아이는 자신이 정말로 지적으로 무능하며 혼자서는 아무것도 할 수 없는 사람이라고 생각한다. 부모가 무엇이든 선택해 주고 결정 내려주기를 바라게 되는 것이다. 아이의 안목과 능력을 무시하는 잔소리도 있다.

"그 옷은 너랑 안 어울려. 엄마가 골라주는 걸로 입어."
"니가 그걸 어떻게 한다고 그래? 안 될 게 뻔하니까 시도도 하지 마. 괜히 후회해."

왜 이런 말을 하는지는 너무 분명하다. 아이가 걱정되기 때문이다. 안 어울리는 옷을 입고 나갔다가 다른 아이들한테 놀림감이 될까 봐, 내 아이가 좀 더 예뻐 보이길 바라는 마음에서, 아이가 실패를 경험하면 위축될까 봐 하는 잔소리다. 하지만 이런 잔소리를 듣고 자라는 아이는 어떨까? 소심해지고 소극적인 아이가 된다. 어떤 선택을 하거나 결정을 내릴 때 부모 눈치를 보고, 이게 과연 최선의 선택일까 불안해한다. 그러다 보니 점점 더 부모에게 의지하고 부모의 의견에 따른다. 그리고 부모는 아이가 자신을 찾고 의견을 구할 때마다 부모로서 해줄 수 있는 게 많다는 생각에 기분이 좋다. 가스라이팅과 다름없다.

부모의 가스라이팅은 아이의 자신감과 용기를 죽인다. 어떤 부모도 내 아이가 그렇게 성장하길 바라지 않을 것이다. 따라서 아이가 자신의 능력을 믿도록 격려하는 잔소리가 필요하다.

"벌써 포기야? 너는 분명히 해낼 수 있어. 다시 시도해 보자."

"실망했어? 그럴 거 없어. 너는 충분히 똑똑하고 재능 있는 아이야. 지난번보다 훨씬 나아졌으니까 기죽으면 안 돼."

아이가 건강한 자기 이미지를 갖게 만드는 응원의 잔소리다. 자신감과 용기를 줘서 아이의 마음을 튼튼하게 만드는 좋은 잔소리다.

부모는 가끔 아이가 자신을 필요로 하길 바란다. 사랑하는 아이를 품속에 두고 싶어서, 아이에게 좋은 경험만 주고 싶어서 아이의 도전과 독립성을 방해한다. 오히려 아이를 망치는 행동이다. 정도는 달라도 가스라이팅이라고 해도 무방하다. 혹시 자신이 사랑이라는 이름으로 아이의 독립성과 결단력을 해치는 건 아닌지 자주 돌아볼 필요가 있다.

아빠 말이 맞아, 틀려?

아빠 말이 틀릴 수도 있어

아이 때문에 화가 난 부모가 아이에게 한참 훈계를 한 후에 이렇게 말하는 건 흔한 일이다.

"아빠 말이 맞아, 틀려?"

"아빠 말이 틀려? 틀렸으면 이유를 말해봐."

답을 정해놓은 질문이다. 이런 상황에서 "아빠 말은 틀려요"라고 답할 아이는 거의 없다. 그렇게 말하고 싶어도 참을 것이다. 그다음이 어떻게 전개될지 뻔히 알기 때문이다. 부모의 분노는 더 심해질 테고, 또 다른 잔소리가 꼬리에 꼬리를 물고 이어질 것이다. 그러니 부모 말에 동의하지 않아도, 그건 아니라는 생각이 들어도 "맞아요"라고 얼버무릴 수밖에 없다.

나는 '틀렸다.'라는 대답이 얼마나 쓰라린 결과를 가져오는지 직접 경험한 적이 있다. 내가 초등학교 5학년 즈음이었다. TV 보기 전에 먼저 숙제를 해야 한다고 훈계하던 어머니가 이렇게 말씀하며 대화의 바통을 넘기셨다.

"엄마가 틀린 말 한 적 있니? 있으면 말해봐."

나는 착한 어린이답게 솔직히 말했다.

"네, 틀린 적이 여러 번 있어요. 제가 친구에게 친절히 대하면 친구도 친절해질 거라고 말씀하셨는데 틀렸어요. 애들이 더 건방지고 불친절해지던데요. 지금도 틀렸어요. 숙제를 다하고 나면 재미있는 만화 영화가 끝나니까요."

어머니는 "어머니 말씀이 백 번 옳아요."라는 답을 기대했을 것이다. 하지만 나는 기대를 배신했다. 그 순간 어머니의 반응은 분노나 응징이 아니었다. 화를 숨기며 나를 직시했을 뿐이다. 즉 '삐친' 반응이었던 것이다. 불편한 침묵이 흘렀다. 아주 차가운 시간이었다. 나는 시선을 내리 깔고 연필을 꼭 쥔 채 어쩔 줄을 몰랐다. 차라리 야단 맞는 게 낫지 싶을 정도로 막막하고 곤란했다.

답을 정해놓았던 어머니는 아들에게서 상처를 받았다. 그런데 죄송한 말씀이지만 잘못은 어머니가 했다. 답을 정해놓은 게 잘못이다. 그러니 원하지 않는 답도 각오하고 질문해야 맞다. 이렇게 물어보면 될 것 같다.

"엄마 말이 틀릴 수 있어. 엄마도 잘 알아. 그러니까 네 생각을 말해 줄래?"

"엄마 의견에 반대해도 좋아. 네 의견을 솔직히 말해줘."

미리 답을 정해놓지 않은 착한 잔소리다. 아이에게 자유롭게 답할 기회를 열어주었다. 이렇게 질문하는 부모는 착한 부모다. 아이는 또 얼마나 기분이 좋을까? 두려워하지 않고 자기 마음을 꺼내놓을 것이다. 생각과 감정 표현에 두려움이 없어지는 것이다. 억압하면 아이 마음은 허약해지고 풀어주면 튼튼해진다. 아이에게도 마음대로 생각을 표현할 자유가 있다. 부모의 기대대로 말하고 생각할 의무가 아이에게 없는 것이다. 부모의 생각을 따라야 하는 건 부모 자신뿐이다.

포기는 절대 안 돼

10점만 올리면 포기해도 좋아

부모는 공부나 운동이나 자녀가 포기하는 것을 못 견딘다. 쉽게 포기하면 쉽게 좌절하고 나약해질까 봐 걱정스럽기 때문이다. 그래서 세상의 모든 부모는 포기하는 법을 가르치지 않는다. 그것만큼 중요한 삶의 지혜도 없는데 말이다.

아이의 재능과 성향에 따라서 최선을 다해도 이룰 수 없는 목표가 있다. 노력한다고 무엇이든 이루어지는 것은 아니다. 그러면 적절한 시점에 포기하는 게 현명하다. 문제는 그 적절함이다. 어느 순간이 적절하다고 할 수 있을까? 한 단계 오른 후에 포기하면 된다.

예를 들어서 피아노 학원을 한 달 정도 다닌 아이가 그만두고 싶어 한다고 하자. 보통의 부모는 이렇게 핀잔을 준다.

"무슨 소리야. 네가 다니겠다고 했잖아!"

"한 달 다니고 벌써 포기한다고? 왜 그렇게 끈기가 없어?"

포기하지 못하도록 억압하는 잔소리다. 아이를 죄책감에 빠뜨리는 가스라이팅 질책이기도 하다. 물론 아이가 지나치게 쉽게 포기하는 경향이라면 고쳐주는 것도 부모의 역할이다. 하지만 잔소리의 방식이 틀렸다. 아이를 죄스럽게 만들어서 억누르는 게 좋을 수가 없다. 그런 억압적인 잔소리보다 포기를 유예시키는 잔소리가 훨씬 낫다.

"피아노 학원을 그만두고 싶다고? 네가 싫다면 억지로 시킬 생각은 없어. 하지만 이왕 시작했으니 딱 한 달만 더 하고 그만두자. 한 달만 열심히 하면 너는 그만둘 자유를 갖게 되는 거야."

물론 끈기 있게 끝까지 노력하도록 이끌고 싶은 게 부모 마음이다. 하지만 아이가 싫다면 타협을 하는 게 옳다. 타협의 조건은 한 단계다. 단 한 단계만 더 올라선 후에 시원하게 그만두라고 허용하는 것이다.

만약 아이가 다니던 수학 학원을 그만두겠다면 어떻게 해야 할까? 보통은 이렇게 말한다.

"너는 참 끈기도 없다. 그거 조금 힘들다고 포기하면 이 험한 세상 어떻게 살아갈래?"
"수학을 포기한다는 건 학교 성적이랑 대입을 포기한다는 뜻이야. 말이 되니?"

포기하지 못하게 하려고 아이에게 모멸감과 겁을 주고 있다. 그럴 때는 이렇게 말하면 좋다.

"수학 학원을 그만두고 싶다고? 수학 점수 10점만 올려보고 그만두면 어떨까? 아직은 아무런 결과도 없으니까. 그랬는데도 그만두고 싶다면 그때는 그렇게 해도 좋아."

유예 기간과 성적 향상을 조건으로 내세운 제안이다. 달리 말해서 한 단계만 더 올라서면 그만둘 자유를 주겠다는 것이다. 아이가 수학 학원을 그만두기 위해서라도 수학 공부를 열심히 한다면 얼마나 다행인가. 그러다 수학에 재미를 붙이고 자신감이 생길 수도 있다. 부모는 일단 기다려본 후 나중에 상황에 맞게 대응 방법을 찾으면 된다.

포기는 나쁜 것일까? 쉽게 포기하는 습성은 해로운 게 사실이다. 그런데 생각해 보면 삶은 성취의 연속이면서도 포기의 연속이기도 하다. 세상의 모든 아이들은 성적, 관계, 꿈의 일부를 조금씩 포기하면서 현실적인 어른이 된다. 아이들에게 좋은 포기의 기법을 가르쳐야 한다. 한 단계만 더 시도하도록 독려하는 것도 나쁘지 않은 포기 교육법일 것이다.

강한 의지력을 가져
지금부터 10분만 집중해 볼까?

부모는 이상하게 자신도 못하는 걸 아이에게 강요한다. 자기통제력만 해도 그렇다. 나도 내 자신을 제대로 통제하지 못하면서 아이에게 잔소리를 한 적이 있다.

"너는 왜 그렇게 자신을 통제하지 못하니? 그렇게 의지가 약해서 뭐에 쓰겠어?"

아이가 집중해서 책을 읽고 공부를 해야 하는데 산만하게 이리저리 왔다갔다 하는 모습이 못마땅해서 그렇게 잔소리를 한 것이다. 사실 말하면서도 얼굴이 화끈거렸다. 어이없어 하는 아이의 표정은 "아빠도 그러면서 왜 나한테만 그래?"라고 말하고 있었다.

일주일 전에 아이에게 그런 약속을 했다. 네가 공부를 열심히 하니까 아빠도 매일 두 시간씩 책을 읽겠다고 말이다. 하지만 그 약속은 작심삼일로 끝났다. 나는 아이와의 약속을 내팽개치고 텔레비전을 보고 맥주를 마시면서 한가로운 저녁을 보냈다. 그렇게 자기 통제력이 약한 아빠의 모습을 목격한 아이에게 "자기 통제력을 가져야 한다."고 잔소리를 했으니 아이로서는 황당했을 것이다.

그런데 나만 그런 게 아니다. 많은 부모들이 자기 모순적이다. 자신도 독서를 진득하게 못하면서 아이에게 독서에 집중하지 못한다고 지적한다. 또 자신은 하루에 스마트폰을 대여섯 시간씩 쓰면서 아이에게는 스마트폰 중독은 위험하다고 충고한다. 그나마 지적이나 충고라면 양반이다. 아이를 조롱하고 겁주는 말도 아무렇게 않게 한다. 예를 들면 이런 식이다.

"자기통제력을 길러야 해. 어떻게 그것도 못 견디니?"

"너는 의지가 너무 약해. 그래서 어떻게 대학을 가?"

부모들은 이런 비난의 잔소리를 너무 많이 한다. 아이가 느낄 모멸감도 문제지만 효과 또한 문제다. 기분을 상하게 하는 잔소리는 아이 마음을 움직이지 못한다. 방법을 바꿔보자. 여러 대안이 있는데 먼저 공감하고 위로하는 잔소리가 효과적이다.

"세상에서 제일 힘든 것 중 하나가 자기 통제일 거야. 아빠도 너무 어려워. 하지만 통제력과 의지력은 많은 것을 이루는 중요한 능력이야. 아빠도 노력할게. 우리 함께 애써보자."

아이만 아니라 아빠에게도 어려운 문제라고 말해주는 것이다. 아이와 아빠가 같은 처지가 되고 일종의 동지애를 갖게 된다.

스토리텔링식 잔소리도 좋다. 부모 본인이 겪은 일이나 유명한 일화를 통해 아이를 설득하는 것이다.

"아빠가 의지력 약한 거 너도 알지? 그래도 많이 나아진 거야. 어릴 때는 정말 의지가 약했어. 그런데 이 방법을 쓰니까 의지력도 길러지더라고. 어떤 방법인지 궁금하지?"

"너 그 얘기 알아? 비행기 추락사고로 한 미국인이 무인도에 표류하게 됐대. 그 남자는 거기서 불을 피우고 집을 짓고 먹을 것을 구해가며 3년을 버텼지. 그러고는 마침내 살아서 구조됐어. 평범했던 그 남자를 강하게 만든 게 뭐였을까? 그건 반드시 집에 돌아가겠다는 뜨거운 의지였어."

스토리텔링식 잔소리는 효과가 좋다. 아이들은 이야기를 좋아한다. 그리고 그 이야기 끝에 하고 싶은 말을 얹으면 된다.

목표 단순화 잔소리도 효과가 좋다.

"지금부터 딱 10분만 집중해서 읽어볼까? 성공하면 1,000원 줄게. 그렇게 일주일만 하다가 일주일 후에는 15분으로 늘려보자."

"힘들어서 못 뛰겠으면 천천히 걸어. 걷는 게 힘들면 쉬어도 되고. 서두르지 마. 겁먹지도 마. 하나하나씩 해나가면 못 이룰 게 없어."

큰 목표만 강요하는 부모는 아이에게 고통이다. 어렵지 않게 이룰 수 있는 작은 목표도 제시해야 하는 것이다. 그러면 아이가 힘을 낸다. 부모의 잔소리도 고마운 잔소리가 된다.

인용 잔소리도 훌륭한 방법이다. 부모 자신의 생각을 강요하는 게 아니라, 위대한 인물들의 입을 빌려 아이에게 교훈을 주는 잔소리 전략이다. 객관성으로 예쁘게 포장한 잔소리인 셈이다.

위대한 일을 하는 유일한 길은 자기 일을 사랑하는 것이다.

-미국의 기업가 스티브 잡스

의지력이 강한 사람은 항상 큰 그림을 마음속에 갖고 있다. 그들은 큰 목표를 이루기 위해 작은 즐거움을 포기할 줄 안다.

-미국 작가 브라이언 애덤스

진정한 성공은 여러 번 그리고 빨리 실패한 후에 온다.

-미국 작가 제이 새밋

나는 진정한 왕이다. 왜냐하면 나 자신을 다스릴 수 있기 때문이다.

-이탈리아 시인 피에트로 아레티노

우리는 실망스러운 일을 많이 겪을 것이다. 강해져야 한다. 자신에게 말해야 한다. "나는 괜찮다. 나는 다시 시작할 것이다."

-가나 작가 라일라 기프티 아키타

"너는 그림을 못 그릴 거야"라는 목소리가 내 속에서 들리면 나는 어떻게든 그린다. 그러면 그 목소리가 사라진다.

-화가 빈센트 반 고흐

왜 그런 일로 짜증을 내니?

왜 그런 일에 짜증이 날까?

쏟아지는 감정을 수도꼭지처럼 잠글 수 있을까? 아니라는 걸 모르는 사람은 없다. 그런데 마치 그럴 수 있다는 듯이 아이의 감정을 무시하며 잔소리를 하는 부모가 의외로 많다.

"그런 일에 화내면 안 돼."

"그 정도 일을 무서워하면 안 되지."

"그런 일에 짜증을 부리는 건 옳지 않아."

우리 부부도 늘 이런 말을 하며 아이를 키웠다. 하지만 이런 잔소리는 아이의 감정을 통제하는 잔소리다. 분노, 두려움, 짜증 같은 감정을 억누르라고 강요하는 것이다. 하지만 감정이 그렇게 마음먹은 대로 조절되는 일이던가? 어른들도 하기 힘든 일을 아이에게 강요하는 건 옳지 않다.

우리 부부가 아이를 다 키운 후에야 알게 된 세 가지 감정 통제력 교육법이 있다. 첫째, 감정 억압을 명령하는 대신 호기심을 느끼게 하는 것이다.

"또 화가 났구나. 너는 왜 그런 일에 화가 날까?"

"그게 무서워? 너는 왜 그런 일을 무서워할까?"

"너는 왜 그런 일이 일어나면 쉽게 짜증을 낼까?"

그런 감정을 표출하는 건 옳지 않다고 야단치는 게 아니라 자신의 감정을 분석해 보라고 제안하는 것이다. 아이마다 상황에 따른 감정 민감도가 다르다. 어떤 아이에게는 아무렇지 않은 일이 다른 아이에게는 세상 무너지는 일일 수 있다. 어떤 아이는 친구에게 자기 물건을 빌려주거나 친구가 어깨를 치는 일이 아무렇지 않을 수 있지만, 어떤 아이에게는 참을 수 없는 일일 수도 있는 것이다. 비슷한 유형의 상황에서 아이가 일관되고 반복적인 감정을 표출한다면 왜 그런지 질문을 던져 아이가 스스로 자신의 심리 상태를 점검해 볼 수 있게 해보자. 아이가 자신의 감정적 특질을 분석한다는 것은 자신에게서 한 발 떨어져 관찰한다는 뜻인데, 그럴 수 있게 된다는 건 자기객관화와 통제 가능성이 생긴다는 뜻이다.

감정 통제력을 길러주는 두 번째 방법은 상대방의 감정을 상상하도록 독려하는 것이다.

"우리 아들 목청 크네. 그렇게 큰 목소리로 소리 지르면서 화를 내면 동생 마음이 어떨까?"

"엄마에게 짜증 부리면 엄마도 짜증난다는 거 아니?"

나의 감정 반응이 일으키는 파장을 깨닫는 아이는 감정 조절의 필요성을 안다.

세 번째 감정 통제 교육법은 아이의 과거 경험과 현재 상황을 비교하게 하는 것인데, 이렇게 말하면 된다.

"지난번에 소리치고 짜증 부려서 후회했잖아. 그러니까 지금은 어떻게 해야 할까?"

"지난달에는 친구들 앞에서 발표 잘했어. 내일도 잘할 수 있을 거야. 그러니까 긴장을 풀어보자."

아이마다 감정적 예민함의 정도가 다르지만, 누구에게나 감정 조절 능력은 있다. 연구자들의 의견을 종합해 보면 자기감정에 호기심을 느끼고, 감정의 파장을 추측하며, 과거 감정의 결과를 반추하는 훈련이 감정 지능을 높이고 감정 통제력을 키운다고 한다. 자기감정을 이해하는 지능이 높고 감정을 다스리는 능력치가 높다면 아이는 더 높은 행복감을 누리면서 살아갈 것이다. 반대로 자기 감정을 돌보는 능력이 없다면 돈이 넘쳐나더라도 불행할 수밖에 없다. 감정 교육이 황금보다 더 중요한 이유다.

5장

아이가 감동하는 잔소리

왜 같은 실수를 반복해?

누구나 그런 실수를 해

부모가 보기에 아이들은 언제나 제자리걸음을 한다. 같은 말썽, 같은 실수, 같은 잘못을 수없이 반복하면서 한 발짝도 전진하지 못하는 것만 같다. 산만한 아이는 늘 산만하고, 동생과 싸우는 아이는 오늘도 싸우고, 아는 시험 문제를 틀리는 아이는 매번 알면서 틀린다. 그런 아이를 보는 부모는 답답함에 잔소리를 늘어놓는다.

"왜 같은 실수를 반복하는 거야? 정신을 어디에 두고 다니니?"

"진심으로 반성하지 않으니까 잘못을 반복하는 거야."

아내도 비슷한 잔소리를 자주 했다. 정신을 바짝 차리면 같은 실수를 하지 않을 것 같은데, 아이가 그 쉬운 것도 못해서 매번 실수를 하니 답답한 마음에 자주 화를 낸 것이다. 모든 일을 건성으로 하지 말고 진심을 다해서 하고 반성해야 다음에 그런 일이 없다고 호통 치고 가르치기도 했다. 그러고는 밤에 혼자서 후회한다. '아이가 일부러 그러는 것도 아닐 텐데 좀 참을걸.' '조금 좋게 말할걸.' '아이에게 상처를 준 건 아닐까.' 하는 생각에 다시는 그러지 말아야겠다고 다짐도 했다. 하지만 날이 밝으면 또 같은 일상의 반복이었다. 답답한 마음에 아이에게 화를 내고 뒤돌아서 후회하고. 보다 못한 나는 "매일 후회하면서 왜 매일 아이한테 화를 내는 거야?"라며 아내를 탓했다. 물색없는 핀잔이다. 나도 마찬가지였으니까.

많은 부모들이 그렇다. 아이에게 매일 화내고 매일 후회하면서 그다음 날 또 화를 낸다.

그렇게 분노와 후회와 참회의 사이클을 오가던 아내는 어느 날 자신도 어린 시절에 실수를 반복했다는 사실을 떠올렸다. 똑같은 이유로 동생과 다퉜고, 시험 볼 때 비슷한 문제를 계속 틀렸으며, 아침에 서두르다 준비물을 빠뜨리는 일도 잦았다. 그럴 때마다 귀가 따갑도록 부모님의 꾸중을 들어야 했다. "왜 같은 잘못을 계속 반복해? 정신을 어디에 두고 다니는 거야?"

하지만 아내는 정신을 딴 데 두고 다녔거나 무성의해서 그

[부모의 격분과 참회의 사이클]

여지없이 하찮은 일에
노발대발 분노가 폭발한다.

한숨을 내쉬며
자신의 행동을
후회한다.

잠든 아이의 얼굴을
쓰다듬으면서 눈물을 흘리며
마음을 정화한다.

반성을 했으니 다시는 격분하지
않을 것 같아 희망을 갖는다.

랬던 게 아니다. 자신도 잘못을 고치고 싶었다. 고치고 싶은 마음은 굴뚝같았지만 잘 안되었을 뿐이다. 그래서 후회하고 다시 결심했지만 또 안 돼서 다시 후회했다. 말하자면 아내도 실수와 후회의 사이클 속에 갇혀 있었던 것인데, 이미지화하면 위와 같다.

수십 년 자신의 모습을 떠올린 아내는 깨달았다. 어른이나 어린이나 똑같다고. 인간은 누구나 잘못을 반성하고 반복하지

[아이의 실수와 후회의 사이클]

또다시 잘못을 저질러서
부모님을 화나게 했다.

아침에 일어나면 그 모든
다짐을 까맣게 잊어버린다.

고개를 숙이고 가슴을 치며
진심으로 후회한다.

잠들기 전에 엄마 아빠를
다시는 실망시키지
않겠다고 다짐한다.

않겠다고 결심하지만 결국 또 잘못을 저지른다. 아무리 잔소리하고 야단을 쳐도 아이가 듣지 않는다고 부모들은 화를 내지만, 사실은 아이들도 똑같은 반복과 후회의 사이클 속에서 애쓰고 있다. 우리 어른들이 그런 것처럼 말이다.

아이들도 그런 사이클 속에서 하루하루 노력하고 있다는 걸 알아주는 부모가 되어야 한다. 아이를 이해하는 마음이 있어야 잔소리도 착해진다.

"오늘도 또 같은 실수를 했네. 근데 많은 사람들이 같은 실수를 반복해. 그러니까 정신을 더 집중해야 고칠 수 있는 거야."

"엄마도 어릴 때 같은 실수를 반복했어. 그래서 항상 더 신경을 썼지. 시험 볼 때마다 '오늘은 실수를 반복하지 않을 거야'라고 열 번쯤 되뇌었더니 확실히 실수가 줄더라."

어린 시절의 나를 내 아이 옆에 앉혀보자. 둘이 쏙 닮았을 것이다. 비슷한 상황에서 웃고 울고 같은 실수를 반복한다. 내 어린 시절을 통해 내 아이의 마음을 들여다보면 아이의 마음을 이해할 수 있다. 부모에게 마음을 이해받은 아이는 마음이 부드러워진다. 똑같은 실수를 반복하는 아이에게 필요한 것은 위로다. 사람은 원래 같은 실수를 반복하기 마련이라고 말해주자.

널 도저히 이해 못하겠어

그런 말도 할 줄 알고 너도 이제 다 컸네

어린아이는 참 쉽다. 다 이해할 수 있다. 그런데 커가는 아이는 수학처럼 난해하다. 도무지 이해할 수 없는 말이나 행동을 자주 한다. 그럴 때 부모는 짜증 섞인 잔소리를 하게 된다

"네가 왜 이러는지 도무지 이해를 못하겠다."

"너는 이해하기 너무 어려운 아이야."

아이를 '이상하다'고 단정 짓는 말이다. 아이 입장에서 아주 기분 나쁜 핀잔이다. 정상적이지 않다는 뜻이기 때문이다. 나는 정상인데 너는 비정상이라는 비난은 인격 모독에 가깝다.

타인을 이해하는 건 쉬운 일이 아니다. 사람은 서로 다른 복잡계다. 각자의 의도, 이성, 감정이 행동을 결정한다. 수천 가지 요소가 조합을 이루어 하나의 행동과 말로 나타난다. 그러니 각각의 존재를 온전히 이해하기란 어려운 일이다. 수십 년 함께 생활한 부부도 서로 이해할 수 없다며 외로움을 토로하거나 이혼을 하지 않는가. 아무리 최고의 정신과 의사라도 한 사람을 완벽히 이해한다는 것은 애초에 불가능하다.

그러니 부모와 아이는 어떻겠는가. 부모와 아이 사이에는 보통 30년 정도의 세대 차가 흐른다. 그러니 부모가 아이를 이해하기 어려운 게 당연하다. 아이가 부모 입장에서 이해 못할 행동을 하는 것은 오히려 자연스러울 뿐 아니라 좋은 일이다. 아이가 단순한 세 살짜리에서 심리적으로나 이성적으로 복잡한 열세 살짜리로 성장했다는 증거니까 말이다. 이해할 수 없는 언행을 자주 한다면 아이가 많이 성장했다고 생각하면 된다. 그럴 땐 이렇게 말해주는 게 어떨까?

"엄마 아빠가 이해 못할 말을 하다니 너도 다 컸구나."

아이를 이해해 주고 있는 그대로 받아주는 말이니 아이는 감동받을 것이다. 만약 정말로 아이의 의도나 이유를 모르겠다면 물어보면 된다. 고압적이지 않고 정중하게 묻는 게 효과가 매우 높다.

"아빠는 네가 왜 그러는지 솔직히 이해가 안 돼. 부모 입장에서 답답하고 걱정이 되기도 하고. 괜찮다면 왜 그러는지 이유를 말해줄 수 있겠니?"

"네가 이해할 수 없는 행동을 해서 엄마가 화가 났던 건 사실이야. 그런데 부모와 자식도 서로 다른 존재니까 서로를 이해 못하는 게 당연한 것 같아. 그러니까 엄마가 마음을 열고 네 이야기를 들을게. 왜 그랬는지 얘기해 줄래?"

설명을 요청하는 잔소리다. 이렇게 말하면 아이는 마음을 연다. 발언권을 얻었기 때문이다. 부모가 자신의 말을 경청하겠다고 약속하고 의견을 물으면 대부분의 아이들은 자신의 마음을 이야기한다. 반대로 비합리적인 잔소리는 아이들의 입을 봉해버린다. 아이의 입을 닫고 여는 열쇠는 애당초 부모의 손에 있다.

버릇없이 말하지 마

아빠 말을 반박해도 괜찮아

버릇없는 아이는 나쁜 아이일까? 어른의 권위에 순종하지 않는 아이는 못된 아이이므로 화를 내고 따갑게 질책해야 옳은 걸까? 많은 부모가 그렇게 교육받았고 자신의 아이를 그렇게 훈육한다.

"그런 버릇없는 말을 어디서 배웠어? 혼나야겠네."
"부모님한테 말대꾸하면 나쁜 아이라는 거 알지?"
"선생님 말씀은 무조건 잘 들어야 한다. 반항하지 말고. 알겠어?"

많은 부모가 아이에게 예의 바르게 행동하라며 하는 잔소리다. 쉽게 말하면 어른의 권위에 복종하라는 요구다. 하지만 여러 세대 동안 전해 내려온 '예의범절'이 아이의 창의성과 자율성과 용기를 앗아갈지도 모른다는 점을 기억해야 한다.

우리 부부와 가깝게 지내는 가족이 있는데 4학년, 5학년 아이 둘을 기른다. 동생은 말하자면 예의 바른 아이인데, 첫째 아이는 당돌하다 싶게 말한다. 가령 부모에 대한 불만을 말할 때 두 아이의 화법은 전혀 다르다. 동생은 "엄마 아빠가 다투지 않으셨으면 좋겠어요. 서로 다정하게 대하세요. 부탁드려요. 그래야 저희도 행복할 수 있어요."라고 말한다고 한다. 부모의 마음을 배려해 가면서 조심스럽게 말한다는 느낌이 든다. 하지만 말에 활력이 없고 주장이 약하다. 겁을 먹은 듯 기어들어가는 목소리여서 안쓰럽기도 하다. 반면 첫째 아이는 다르다. "아빠는 엄마한테 왜 그렇게 무례하게 말을 해요? 엄마에게 더 다정한 표현을 써야 하지 않아요? 그리고 엄마는 아빠에게 좀 무관심한 것 같아요. 그래서야 두 분이 진정한 부부라고 할 수 있겠어요? 반성 좀 하세요." 하는 식이다. 따가운 비판이고 훈계다. 어떻게 보면 부모를 가르치려 든다는 느낌이 든다. 하지만 첫째 아이는 관찰력이 날카롭다. 부모의 무례와 무관심을 정확히 포착할 줄 아는 눈을 가졌다. 또한 요구 사항도 분명하다. 용기가 넘치는 아이이다.

두 아이를 보면서 우리 부부는 깨달았다. 예의를 강조하는 교육이 꼭 좋은 것만은 아니라고. 객관적 관찰, 주체적인 평가, 분명한 주장은 '예의'라는 구속을 벗어날 때 나타난다. 무섭고 권위적인 선생님이나 상사 앞에서는 자유로운 생각을 펼칠 수 없다. 위축되기 때문이다. 마찬가지다. 권위를 내려놓은 민주적 부모가 아이를 똑똑하게 만든다. 조금 버릇없이 말할 수 있는 가정환경에서 자라는 아이가 더 자유롭게 생각하고 더 재미있게 말한다. 그러니 이렇게 말해보면 어떨까?

"엄마에게 잘못이 있다고 생각하면 솔직히 말해줘. 괜찮아."
"아빠 말을 무조건 따라야 하는 건 아니야. 반대해도 돼. 그러면서 생각도 자라는 거니까."

예의를 가르치겠다고 아이를 억누르다가 잘못하면 창의성과 자율성까지 억압한다는 사실을 기억하자는 뜻이다. 권위 앞에서도 주눅 들지 않고 당당하고 정확하게 말하는 아이가 더 자유롭다. "버릇없이 말하지 마." 대신에 "마음껏 말해봐."라고 이끄는 부모가 아이에게 날개를 달아준다.

부모 말이 우습니?
이젠 네 말을 경청할게

부모들이 아이를 향해 늘 하는 잔소리가 있다. 어느 가정이나 마찬가지일 것이다.

"넌 엄마 아빠 말은 귓등으로 듣니? 그렇게 부모 말을 무시해도 되는 거야?"
"엄마가 이야기할 때는 좀 들어. 그 이어폰 좀 빼고."
"왜 대답이 없어? 아빠 말이 우스워?"
"똑같은 말을 몇 번이나 해야 하니?"

이런 잔소리는 아이가 초등학교 고학년 때 시작되어 중학교 고학년 때 정점을 이루다가 스무 살 전후면 자취를 거의 감춘다. 그러니까 아이들은 평균적으로 열두 살 때부터 슬슬 부모 말에 귀를 막기 시작하는 것이다. 그러면 부모들은 아이가 괘씸하다는 생각이 든다. 아무리 사춘기라 해도 부모 말을 무시하는 건 버릇없는 행동이라고 생각하기 때문이다.

하지만 자기감정에서 벗어나 제삼자의 입장에서 상황을 살펴보자. 객관적으로 보면 아이는 부모의 말을 오랫동안 경청해왔다. 적어도 10년 동안 부모의 말을 듣고 따라왔던 것이다. 부모가 부르면 멀리서도 쪼르르 달려와 귀 기울여 들어주고 잘 따라주었다. 별로 중요하지 않은 이야기라도, 자기가 집중하고 있는 일에 방해를 받아도, 썩 내키지 않는 말에도 크게 반항하거나 거부하지 않으면서 말이다.

다른 사람이 내 말을 잘 들어준다는 건 소중하고 기분 좋은 경험이다. 상대에게 내가 존중받는 존재라는 뜻이기 때문이다. 아이들은 그런 경험을 부모에게 10여 년간 선물한 것이다. 그러니 얼마나 고마운 일인가.

사춘기가 되어서도 부모의 말을 잘 들어주고 따라주면 부모 입장에서 편하고 고마운 일이지만, 그렇지 않다 해도 따지고 들 이유가 없다. 사춘기의 아이는 경청 은퇴자다. 이미 부모에게 많은 공헌을 했으니 제 갈 길을 가게 해주는 게 좋다. 이제는 일방적인 경청의 자리에서 내려올 때가 된 것이다. 이제는 부모가 아이의 말을 경청해 줄 차례다. 그러니 말의 방향을 이렇게 바꾸어야 한다.

"그래, 이제 너도 엄마 말을 듣지 않을 나이가 됐지. 그래도 완전히 무시하진 말아줘. 그래야 엄마도 상처 안 받아."
"네가 어렸을 때와 똑같이 엄마 아빠 말을 들었으면 좋겠다는 건 사실 말이 안 되지. 이젠 엄마 아빠가 네 말을 경청해 줄게. 어떤 말이든 좋아. 속에 담지 말고 다 말해줘."

사춘기 아이들은 생각이 복잡해진다. 부모 입장에서는 별일 아닌 것도 그 나이 아이들에게는 세상 무너질 듯 심각한 일이다. 공부, 친구, 이성, 진로 등 수많은 문제가 아이들의 머릿속에 들어차 있다. 그러니 부모 말이 귀에 잘 들어올 리가 있겠는가.

부모가 욕심을 버려야 한다. 열두 살 아이에게 세 살 아이의 태도를 요구하면 안 된다. 아이가 자라면 부모 말을 귓등으로 들을 권리, 즉 귓등 청취권을 가끔은 줘야 한다. 그런 배려심이 아이의 변화를 조금이나마 늦출 수 있다.

제발 공부 좀 해

며칠 동안 공부하지 말고 푹 쉬어

부모가 하는 잔소리 중 70퍼센트 이상은 공부와 관련된 잔소리일 것이다. 부모 입장에서는 절대로 그만둘 수 없는 잔소리다. 하지만 수많은 잔소리 중 가장 효과가 낮은 잔소리이기도 하다. 아이가 가장 심하게 반발하는 잔소리이기도 하고 말이다. 왜 그럴까? 공부가 힘들어서이기도 하지만 식상하기 때문이다. 아마 이런 식의 잔소리는 부모라면 누구나 한 번쯤은 해봤을 것이다.

"제발 공부 좀 해. 엄마 속 터지게 하지 말고!"

"너 이렇게 공부 안 해서 나중에 어쩌려고 그래? 나중에 후회하지 말고 엄마 말 들어!"

"또 게임이야? 그렇게 공부 안 하고 나중에 어떻게 살려고 그래? 진짜 혼 좀 나볼래?"

부모들도 숱하고 들으며 자랐고, 자신의 아이를 향해서도 숱하게 하는 잔소리다. 우리 부부도 이런 잔소리를 몇 십 년 동안 하면서 아이를 키웠다. 하지만 공부 잔소리는 시작하는 순간 아이와 거리감을 만든다. 아무 문제없이 다정하게 지내던 아이와 서로 노려보고 소리 지르는 사이가 되어버린다. 웃음이 사라지고 대립의 긴장감이 집 안을 가득 채운다.

이제는 이런 문제를 야기하는 공부 잔소리를 바꿀 때가 됐다. 아이를 설득하고 공감을 이끌어내는 잔소리를 찾아야 가족이 다시 사랑하고 웃으며 지낼 수 있다. 어떻게 하면 될까?

고백 기법을 활용하면 좋다. 부모의 입장과 심경을 솔직히 고백하면서 그 속에 잔소리를 숨기는 것이다.

"공부 스트레스를 줘서 아빠도 정말 미안하게 생각해. 너를 야단치고 나면 아빠도 괴로워. 왠지 나쁜 아빠가 된 것 같아서 마음이 안 좋아. 이러다 너랑 점점 더 멀어지면 어쩌나 하는 걱정도 되고. 하지만 그래도 어쩔 수 없다는 걸 네가 알아줬으면 좋겠어. 공부가 인생의 전부는 아니지만 중요하긴 하니까 그러는 거야."

"네가 성적이 떨어져서 우울해하는 모습을 보면 엄마도 너무 마음이 아파. 그래도 다시 시작하자. 어차피 해야 하는 공부라면 힘내서 웃으며 하는 게 좋잖아."

부모의 마음을 진실하게 고백하면서 동시에 공부를 독려하는 방법이다. 솔직한 고백과 단호한 독려가 섞인 잔소리다. 공부하라는 일방적 지시보다 훨씬 결과가 좋을 것이다.

스토리텔링 잔소리도 활용하면 좋다.

"아빠도 어렸을 때 공부가 정말 싫었어. 아빠는 재수까지 했잖아. 그때 공부하는 게 너무 싫고 끔찍해서 며칠 가출까지 했다니까. 그러니 아빠는 누구보다 네 마음을 잘 알아. 하지만 하기 싫은 걸 하는 것, 부정적인 마음을 이겨내고 작은 성취를 이루어내는 건 인생에서 아주 가치 있고 훌륭한 일이야. 아빠는 네가 그걸 해낼 수 있다고 믿어."

"엄마도 회사 승진 시험에서 떨어진 적이 있어. 그땐 정말 너무 슬프고 창피하더라. 꼭 승진하고 싶었고, 할 수 있을 거라고 생각했거든. 그때만 생각하면 지금도 아찔해. 지금의 상황에서 한 발짝 더 나아가는 건 정말 힘든 일이야. 그렇다고 그 자리에 멈춰 서 있을 수는 없잖아. 실패해도 다시 도전해 보는 게 중요한 거야."

먼저 아이가 어떤 불안과 고통을 겪는지 세심히 관찰한 다음, 그와 유사한 자신의 경험을 찾아내서 이야기해 주는 것이다. 그리고 마지막에 다시 일어나라는 메시지를 슬쩍 담는다. 아이는 부모도 자신처럼 어렵고 힘든 과정을 겪었다는 사실에 큰 위로를 받을 것이다. 아이의 눈빛이 순해지면서 아이가 고개를 끄덕이면 잔소리는 성공한 셈이다.

아이가 가진 능력과 재능을 칭찬하면서 메시지를 심는 잔소리도 유용하다.

"너는 너 자신이 어떤 가능성과 잠재력을 가지고 있는지 잘 모르는 것 같아. 넌 네 또래 중에서 가장 빨리 한글을 뗐어. 수학머리도 타고났다는 칭찬을 얼마나 많이 들었다고. 너는 충분히 똑똑하고 가능성 있는 아이니까 공부에 지레 겁먹지 마."

"너는 공부 압박을 이겨낼 수 있어. 너는 마음이 유연하면서도 강하거든. 어떤 어려움이 닥쳐도 꺾이지 않는다는 걸 엄마는 알고 있어. 어렸을 때부터 그랬으니까. 지금 이 어려움도 넌 분명히 이겨낼 수 있을 거야."

어느 정도 과장이 섞여있다는 건 아이도 알겠지만 기분이 나쁠 리 없다. 그 말 안에 따뜻한 응원의 메시지가 들어 있다는 걸 알기 때문이다.

의외적 잔소리도 효과가 있다. 가령 아이가 공부에 지쳐 생기를 잃었다면 이렇게 말할 수 있다.

"오늘은 일요일인데 무슨 공부를 하니? 오늘은 푹 쉬자. 네가 공부하느라 너무 지친 것 같아."
"잘하겠다는 생각을 버려. 지금 네가 할 수 있는 걸 하면 돼. 성적을 갑자기 끌어올리겠다는 건 욕심이야."

'공부하라'는 잔소리는 지겹다. '시험 잘 보라'는 잔소리도 듣기 싫다. 이런 잔소리를 계속 들으면 아이는 무감각해진다. 그런 무감각의 틈새를 파고드는 잔소리가 아이를 환기시킬 수 있다.

비유 잔소리법도 좋다. 비유를 통해 공부에 대한 긍정적 이미지를 심어주는 것이다.

"공부는 팔굽혀펴기야. 오늘 다섯 개를 하면 내일은 여섯 개를 할 수 있어. 그 과정이 쌓여서 1년이 지나면 어떻게 될까? 서른 개를 할 수 있는 거야. 팔 근육이 생기겠지. 공부도 마찬가지야. 오늘 조금 힘들게 공부하고 나면 내일은 그만큼 실력이 늘어있어. 눈에 보이지 않을 뿐 공부머리가 튼튼해지는 거야."

축구, 농구, 마라톤, 계단오르기, 아이템 모으기, 포인트 쌓기 등 과정이 누적되어 좋은 결과로 돌아오는 것들을 공부에 비유하면 된다.

선택권을 부여하는 잔소리도 대체로 환영받는다.

"성적은 낮아도 괜찮아. 중간에 포기만 하지 않으면 돼. 100층까지 다 오를 필요는 없어. 몇 층까지 갈지는 네가 선택하는 거야. 20층? 30층? 어디든 좋아. 목표만 이루면 그건 박수받을 만한 일이야. 목표 층수를 네가 골라봐."

"수학을 포기하고 싶다고? 그럼 그동안 들인 노력이 너무 아깝잖아. 네가 잘할 수 있고 집중할 수 있는 영역을 골라서 공부해 보는 건 어떨까?"

공부 잔소리는 조심스러워야 한다. 아무런 전략 없이 무작정 잔소리부터 토해내면 아이는 거부감을 느끼고 귀를 닫아버린다. 따라서 먼저 고민이 필요하다. 어떻게 말해야 아이가 받아들일지 궁리를 해야 하는 것이다. 고백 잔소리, 스토리텔링 잔소리, 비유 잔소리 등 방법은 많다. 그중 내 아이에게 맞는 유형을 고르고 어떻게 말하면 좋을지 내용을 고심한 후에 잔소리를 시작해야 효과를 기대할 수 있다.

그런데 공부 잔소리의 가장 중요한 요소를 하나만 고른다면 '감동'이다. 부모가 아이의 공부 스트레스를 진심으로 안타까워하며 아이를 다정하게 설득하려고 온 힘을 쏟고, 아이가 실패하더라도 결코 비난하지 않을 거라는 믿음을 주면 아이는 감동한다. 억압과 비난과 야단이 아니라 감동이 아이의 마음과 행동을 바꿀 수 있다.

6장

아이가 부모를 사랑하게 되는 잔소리

너 때문에 못 살아
네 덕에 많은 걸 배우고 있어

아내에게는 육아 때문에 번아웃이 온 친구가 하나 있었다. 어느날 그 친구가 아내에게 말했다.

"내 아이가 공부는 잘할지, 친구들은 잘 사귀며 살아갈지, 사회에서 제 몫을 할 수 있을지 걱정이야. 뭐 하나 잘하는 게 없는 것 같아. 나는 매일 애 걱정만 해. 괴롭지 않은 날이 없어. 아이를 괜히 낳았다는 생각까지 들더라고."

친구의 뜻밖의 말에 놀란 아내가 조심스럽게 말했다.

"그래도 아이들 덕분에 우리도 많은 걸 배우잖아. 삶의 의미도 생기고 중심을 갖게 되고. 아이는 걱정도 시키지만 큰 행복을 주는 존재이기도 해."

어떻게든 친구를 일으켜 세우고 싶다는 생각에서 한 말인데 돌이켜보니 맞는 말이라는 생각이 들었다고 한다.

사람들은 자식 걱정을 포함해 세상의 모든 걱정을 꺼려한다. 걱정 없는 행복한 삶을 꿈꾼다. 그런데 정말 걱정이 전혀 없이 산다면 우리는 행복할까? 질병과 사고도 없고, 먹고사는 걱정을 할 필요도 없으며, 사랑하는 모든 이들이 평온하게 사는 세상. 《여록과 보유Parerga und Paralipomena》에서 철학자 쇼펜하우어Arthur Schopenhauer는 그런 삶이 행복한 것은 아니라고 답한다. 걱정이 전혀 없는 사람들은 모두 불행해질 거라고 그는 단언한다. 그런 사람들은 자살하거나 전쟁 같은 끔찍한 일을 저지른다는 것인데, 왜냐하면 삶이 견딜 수 없이 무료하고 무의미하기 때문이다.

맞는 말이다. 돈이 필요한 강도에게는 돈을 주면 문제가 해결되지만 심심해서 죽을 것 같은 사람을 만족시킬 방법은 없다. 또한 자기 삶이 무의미해서 실성한 사람은 다른 이의 행복과 생명까지도 무의미하게 여긴다. 무서운 테러리스트가 될 수도 있다.

인간에게 적당한 걱정은 필요하다. 걱정스런 상황을 극복해나가면서 삶의 의미를 찾고 건강한 정신을 유지할 수 있기 때문이다.

쇼펜하우어는 걱정을 '바닥짐(밸러스트)'에 비유한다. 바다를 떠다니는 배에는 바닥짐이 있다. 물이나 무거운 짐을 바닥에 채우는 것인데 그 바닥짐 덕분에 배는 균형을 잡고 직진한다. 바닥짐이 없으면 배는 종이배처럼 중심을 잃고 쓰러져 가라앉는다. 쇼펜하우어에 따르면 이 바닥짐이 걱정이다. 걱정이 삶의 중심을 잡는 역할을 하는 것이다.

부모의 자식 걱정도 마찬가지다. 부모에게 아이는 평생 걱정거리다. 부모들은 늘 아이의 미래가 불안하고 걱정스럽다. 그래서 아이를 질책하고 다그치는 잔소리를 내뱉는다.

"너 때문에 엄마가 너무 힘들어. 못살겠어, 정말."

"제발 엄마 아빠한테 걱정 좀 그만 시켜. 자식 걱정 없이 살면 얼마나 좋을까."

혼잣말처럼, 때로는 고통스러워서 한 번쯤은 해본 적이 있는 잔소리일 것이다.

하지만 자식 걱정이 괴로움만 주는 건 아니다. 삶의 중심도 잡아준다. 아이를 잘 기르기 위해 부모는 쓰러지면 안 된다. 양육의 책임을 어깨에 짊어진 부모는 치열한 생존 경쟁의 장에서 잘 버틴다. 그리고 날마다 내면이 자란다. 아이를 통해 자신을 성찰하고 자신의 언행을 후회하면서 점차 현명해진다. 삶의 목표도 뚜렷해진다. 아이의 행복을 위해서 미래를 계획하고 지향

점을 정한다.

자식이 부모 삶의 바닥짐이다. 아이 걱정 때문에 부모는 중심을 잡고 성장하고 현명해지고 목표 지향적 삶을 살게 된다.

'너 때문에 못살겠다'는 말을 하는 부모를 보는 아이의 마음은 어떨까? 엄마 아빠를 힘들게 해서 미안한 마음도 있을 테고, 그런 자신이 싫어지기도 할 테고, 자신에 대해서, 또는 자신의 기분은 생각하지도 않고 매일 똑같은 잔소리를 하는 부모에게 화가 나기도 할 것이다. 그러니 부정적인 잔소리로 아이의 마음에 상처를 남기지 말고 잔소리의 방향을 바꿔야 한다.

"너희 때문에 걱정도 많지만, 너희들 때문에 엄마 아빠는 더 열심히 살고 있어. 진심으로 고마워."

"자식은 늘 부모에겐 걱정이야. 사랑하니까 걱정도 하는 거지. 그러니까 걱정시킨다고 미안해하지 않아도 돼."

"사는 건 원래 이런저런 걱정도 많아지고 힘든 거야. 하지만 힘들다는 게 꼭 나쁜 것만은 아니야. 엄마 아빠도 네 덕에 많은 걸 배우고 있어."

아이 마음속에 오래 간직될 잔소리다. 이런 잔소리를 들으면 아이의 부모에 대한 존경심과 사랑이 깊어질 것이다.

걱정이 많은 부모는 잔소리가 많아지고 무거워진다. 그런 잔소리를 들어야 하는 아이의 마음이 어두워지는 것은 너무나 당연하다. 반면 부모의 걱정이 줄면 잔소리도 줄어들고 그 말에 따뜻한 온기가 깃든다. 그런 잔소리를 듣는 아이의 마음은 자연히 화사해진다. 어느 쪽을 택해야 할까? 자식을 걱정한다면 자식 걱정을 조금만 해야 한다.

아빠는 너만 할 때 훨씬 잘했어

아빠는 너보다 못했어

내가 초등학교 고학년 때의 일이다. 산수 숙제가 너무 많고 어려워서 넋 놓고 한숨만 쉬고 있었다. 그 모습을 본 아버지가 나를 꾸짖었다. "그 정도 힘든 것도 못 참아? 아빠는 너 만할 때 밭일까지 하면서 학교 숙제도 했어." 그 유명한 '라떼는 말이야' 잔소리다.

오래전 일이지만 당시에도 무척 기분이 나빴던 터라 지금도 생생히 기억난다. 형편없는 아이로 취급받은 데다 아버지와 비교까지 당했으니 기분이 더 많이 상했다. 그런데 문제는 이 '라떼는'이 지금도 여전히 반복되고 있다는 점이다. 아이가 나약하고 철없는 짓을 하면 여지없이 튀어나오는 '라떼는 말야.'

"엄마가 어렸을 때는 그렇게 쉽게 포기하지 않았어. 힘들어도 참고 했어."
"너희는 복에 겨워서 문제야. 아빠 어릴 때는 말야…."

자신을 높이고 아이를 폄하하는 잔소리는 좋지 않다. 아무리 옳은 말이고 사실이라 해도 '라떼는' 잔소리는 실패한다. 자신을 폄하하는 소리가 아이 마음에 닿을 리 없다. 잔소리가 조언으로 아이 마음에 새겨지려면 아이를 낮추는 게 아니라 높여야 한다.

"스마트폰 액정을 또 깼어? 조심해야지. 그래도 아빠보다는 낫네. 아빠는 어릴 때 너보다 더했어."
"사실 엄마는 어릴 때 너보다 훨씬 철이 없었어. 부모님 말씀을 얼마나 안 들었는지 맨날 혼났어. 엄마에 비하면 너는 너무 괜찮지."

자신을 낮추면서 아이에게 편하게 다가갔다. 이 말을 들은 아이는 어떻게 반응할까? "정말요? 어떻게 철이 없었는데요?" 라며 호기심을 드러낼 것이다. 그러면 자연스럽게 대화의 장이 펼쳐진다. '라떼는'에 해당되는 잔소리지만 자신을 낮춤으로써 아이가 죄책감과 불쾌함에서 벗어날 수 있게 했다. 부모가 스스로를 낮출수록 자녀에 대한 영향력은 커진다. 아이가 귀를 열기 때문이다. 반면 부모가 자신을 높일수록 자녀에 대한 영향력은 줄어든다. 아이가 귀를 닫기 때문이다.

'라떼는' 잔소리를 변형할 수도 있다. 잔소리에 교훈을 감춰 놓는 것이다.

"엄마가 어릴 때는 공부하기 싫다고 결석하는 친구도 있었어. 사실 엄마도 책상에 엎드려서 자곤 했지. 나중에는 자는 기술도 생겨서 선생님도 몰랐다니까. 그런데 그때 그렇게 행동했던 게 지나고 나니까 좀 후회스럽더라. 자는 건 정말 남는 게 하나도 없으니까."

"비밀 하나 말해줄까? 아빠가 친구 연필을 훔친 적이 있거든. 아주 예쁘고 탐나는 연필이었는데 막상 훔치고 나니 전혀 예뻐 보이지가 않더라. 내가 고작 이 연필 때문에 양심을 팔았나 하는 생각이 들어서 기분이 정말 나빴어. 그래서 다음 날 당장 돌려줬지."

아이에게 전하고 싶은 메시지를 '라떼는'에 녹여서 에둘러 이야기했다. 잔소리의 중요 원칙 중 하나가 간접성이다. 직접적인 설교가 필요할 때도 있지만 대체로 우회적인 잔소리가 효과도 높고 장기적인 것 같다.

널 도저히 이해 못하겠어
널 이해하고 싶어

성찰 기능reflective function은 육아서에 많이 나오는 개념이다. 상대 행동의 의도나 이유를 헤아리면서 묘사하는 능력을 뜻한다. 만약 숙제를 하지 않아서 야단맞은 아이가 있다고 하자. 그 아이는 그 상황을 친구에게 이렇게 말한다. "숙제를 안 했다고 엄마가 화를 내는 거야. 좋게 타이르면 될 텐데 왜 그렇게 불같이 화를 내는지 모르겠어. 어이없어. 엄마 때문에 기분을 완전히 망쳤어."

엄마의 마음을 전혀 헤아리지 않는 아이다. 자신의 감정만 이야기하고 있다. 성찰 기능이 높지 않은 아이다. 같은 상황이라도 전혀 다르게 이야기하는 아이도 있을 것이다. "숙제를 안

했다고 엄마가 화를 냈어. 선생님께 야단을 맞을까 봐 그러신 거겠지. 내가 게으른 사람이 되지 않을까 걱정도 되셨을 테고. 그래도 그렇게 심하게 화를 낸 건 너무했어."

엄마가 자신을 왜 야단쳤는지 엄마의 마음을 헤아리면서 이야기를 했다. 성찰 기능이 높은 아이다.

그렇다면 성찰 기능이 약한 부모는 어떤 식으로 말할까? 숙제를 자주 빼먹는 아이에 대해 불만을 털어놓는 엄마의 예를 보자. "아이가 오늘도 숙제를 안 했지 뭐야. 어제도 수학 숙제를 안 했어. 도대체 누구를 닮아서 그런지 모르겠어. 볼 때마다 너무 답답하고 짜증나."

이런 식으로 말하는 부모가 아주 많은데, 역시나 아이의 마음을 전혀 헤아리지 않는 말이다. 아이가 왜 자주 숙제를 하지 않는지 아이의 입장에서 생각해 봐야 하는데 그런 노력이 전혀 없다.

같은 상황이어도 전혀 다르게 이야기할 수 있다. "아이가 오늘도 숙제를 안 했지 뭐야. 어제도 수학 숙제를 안 했어. 학교 공부가 너무 어려워서 힘든 걸까? 그렇다면 좀 더 쉬운 것부터 가르쳐야겠지. 어쩌면 공부 말고 다른 문제에 정신을 빼앗겼는지도 몰라. 아이를 좀 더 관찰하고 대화도 해봐야겠어."

아이의 마음을 헤아리는 말이다. 성찰 기능이 뛰어나는 걸 알 수 있다.

잔소리를 할 때도 성찰 기능이 필요하다. 그걸 못하면 아이의 마음에 무심한 잔소리를 늘어놓게 된다.

"넌 왜 그렇게 화를 자주 내니? 도저히 이해를 못하겠다."
"도대체 왜 학교에 가기 싫다는 거야? 얘가 갈수록 왜 이러는지 모르겠네. 답답해 죽겠어."

상대에게 '이해를 못하겠다'고 말해버리면 대화의 문이 닫힌다. 나를 '답답하다'고 말하는 사람에게 마음을 털어놓을 수 있을까? 그러니 모두 실패한 잔소리가 되는 것이다. 아이의 마음 상태나 의도에는 무관심하고 자기감정에만 집중했기 때문에 실패할 수밖에 없는 잔소리다. 전형적으로 성찰 기능이 결핍된 잔소리인 것이다. 그렇다면 성찰 기능이 뛰어난 잔소리는 어떤 것일까?

"넌 왜 그렇게 화를 자주 내니? 학업 스트레스가 심해서 그런 거야, 아니면 아빠한테 항의하고 싶은 문제가 있는 거야? 말해봐. 그래야 아빠도 너를 이해하지."
"왜 학교에 가기 싫다는 거야? 아직도 선생님이 무섭니? 아니면 친구랑 화해를 못해서 그래? 엄마가 도움이 될 수도 있으니 네 마음을 얘기해 줄래?"

이렇듯 아이의 마음 상태와 의도를 헤아리는 잔소리는 다르다. 부모가 이해하고 도와준다고 하니 아이의 마음이 움직일 수밖에 없다. 물론 단번에 아이의 말문을 활짝 열지는 못할 것이다. 그렇더라도 아이가 조금씩 보여주는 마음이 쌓이고 쌓이면 마침내 큰 마음이 되고, 머지않아 아이와 부모의 마음은 맞닿을 수 있다. 인내와 끈기는 아이에게만 필요한 덕목이 아니다. 아이의 마음은 천천히 조금씩 열린다.

또 왜 그랬어?
왜 그랬니?

과거와 현재를 분리하는 부모의 잔소리는 사랑받는다. 반면 과거와 현재를 억지로 엮어서 의미를 부여하고 야단치는 부모의 잔소리는 미움받는다.

누나와 동생이 한바탕 다투고 난 뒤 분을 삭이고 있는 상황이라고 해보자. 외출 후 돌아와서 수상한 낌새를 알아챈 부모는 두 아이를 보며 목소리를 높인다.

"또 왜 그래?"

"이번엔 또 뭐가 문제야?"

과거와 현재를 묶는 잔소리다. 언어의 힘은 놀랍다. 한 음절의 '또'라는 부사가 부모의 진심을 노골적으로 노출해 버리고 말았다. 이 잔소리를 통해 아이들에게 전달되는 부모의 진심은 두 가지다. '귀찮다.'와 '무가치하다.' 아이들 때문에 또 신경을 써야 하는 게 귀찮다는 뜻이고 아이들 간에 갈등은 빈번히 일어나는 일이니 크게 신경 쓸 가치가 없다는 마음이 아이들에게 전달된다.

이런 잔소리를 듣는 아이의 기분은 어떨까? 자신들에게는 절대적인 일이 부모에게는 귀찮고 무가치한 일이라고 여겨진다는 사실에 무시당하고 부정당했다는 기분이 들 것이다.

과거와 현재를 연결하는 습성은 버리는 게 좋다. 방법은 간단하다. '또'만 빼면 된다. 그러면 바로 현재에만 집중하는 잔소리가 된다.

"왜 그래?"

"뭐가 문제니?"

깔끔하다. 아이도 덜 불쾌할 것이다. '항상' '언제나'도 '또'만큼이나 나쁜 부사다.

"너는 왜 항상 이러니? 야단치기도 지친다, 지쳐."

"넌 언제나 이런 식이야. 엄마가 몇 번을 말해야 알아들을 거니?"

과거의 나쁜 행동이 현재에도 여전히 일어나고 있다고 확신하는 잔소리다. 그런 생각이 마음속에 있으니 화가 치밀 테고 언성도 높아진다. 이럴 때는 과거와 현재를 단절시켜야 한다. "너는 왜 항상 그러니?"가 아니라 "왜 그랬니?"라고 물으면 된다. 아주 간결한 질문이다.

그렇다고 무조건 과거와 현재를 분리해야 하는 건 아니다. 같은 실수를 반복하는 아이라면 그 습관을 고쳐주어야 한다. 그럴 때는 '항상'이나 '또' '언제나' 같은 일반화 어휘를 빼고 말하면 된다.

"너는 두세 번 같은 이유로 화를 내더라."

"너는 가끔 같은 실수를 저지른다는 거 알고 있니?"

'항상' 대신에 '두세 번' 또는 '가끔'이라는 표현을 썼다. '항상' 실수를 한다면 그 아이는 생각 없는 아이가 되어버린다. 하지만 '가끔' 실수했다고 말하면 아이의 존재에 대한 공격은 아니다.

좋은 잔소리는 과거와 현재를 분리해서 말한다. 과거를 싹 지워버리고 현재에만 집중해서 지적하는 게 좋다. 그런데 여기서 반전이 있다. '또'나 '항상'을 긍정적 맥락에서 활용하면 효과가 극적으로 달라진다.

"또 무슨 좋은 일이 있었니?"

"네가 오늘 또 아빠를 감격시킨 거 알아?"

과거를 소환했지만 기분 좋은 말이다. '또' 대신에 '항상'이나 '언제나' 같은 부사를 활용해도 좋다. 긍정적인 말에 이런 부사를 쓰면 상대방의 기분이 좋아진다. 좋은 행동을 여러 번 한다는 칭찬의 말이기 때문이다. 똑같은 단어라도 부정적인 문장에 쓰는 것과 긍정적인 문장에 쓰는 것은 말의 느낌이 완전히 달라진다. 문맥을 활용할 줄 아는 부모가 잔소리 실력자가 될 수 있다.

엄마는 널 위해 모든 걸 희생할 수 있어

엄마도 엄마 인생이 있어

부모는 면박을 견디는 사람들이다. 특히 아이에게 사랑을 표현할 때 면박당할 위험을 감수해야 한다. 공부에 열중하는 아이가 안쓰러워서 "간식이라도 좀 갖다 줄까?"라고 물으면 아이는 차갑게 답변하곤 한다. "필요 없어요. 먹고 싶으면 내가 알아서 먹을게요." 괘씸하다. 공부 스트레스를 부모에게 푸는 것이다.

한 지인은 친구 관계가 힘들어 보이는 초등학교 6학년 딸에게 "아빠가 뭐 도와줄 건 없니?"라고 물었다가 "제발 저 좀 그냥 두세요"라는 대답을 들었는데 그 순간이 좀처럼 잊히지 않는다고 고백했다. 무안하고 무력감을 느꼈다고 한다. 그렇다고 물러설 부모는 별로 없다. 다음 날 아빠는 다시 한번 아이에게 도와줄 일이 있으면 아빠에게 말하라고 했단다. 그랬더니 딸에게서 날아온 대답. "가만히 계시는 게 도와주는 거예요."

아이는 자신의 문제를 스스로 해결하고 싶었을지 모른다. 아니면 아빠와 상의할 만한 문제가 아니었을 수도 있다. 그렇다고 해도 그는 큰 슬픔에 빠졌다. 자신이 쓸모없는 인간으로 취급당하는 기분이었다는 것이다.

아이가 부모의 관심과 사랑을 차갑게 거절하면 부모는 머쓱하고 서운할 뿐 아니라 화가 난다. 그런 감정을 느끼는 게 싫다면 아주 쉬운 해결법이 있다. 아이에 대한 관심과 사랑을 절제해서 보여주면 된다. 지나치지 않게 일부만 드러내는 것이다.

그래야 부모는 당연한 존재가 아니라 고마운 존재가 될 수 있다. 사람은 늘 곁에 있는 것을 고마워하지 않는다. 공기에 감사하는 사람은 많지 않다. 건강하게 뛰는 심장이 고마운 사람도 흔하지 않다. 사라지거나 기능이 나빠져야 공기와 심장은 고마운 존재가 된다.

부모의 관심과 사랑도 줄어들어야 고맙다. 줄일 수 없다면 연기라도 하자. 가끔 '너의 인생은 너의 것, 우리의 인생은 우리의 것'이라고 선언하는 것이다. 아이의 행복도 중요하지만 부모의 즐거운 인생도 가치 있는 것이라고 가르쳐도 좋다.

잔소리할 때도 주의해야 한다. 헌신하는 잔소리는 곤란하다.

"안 돼. 그렇게 입고 나가면 감기 걸려. 너 감기 걸리면 엄마 속상해."
"제발 아침밥 좀 많이 먹어."
"엄마 아빠는 너를 위해서라면 모든 걸 희생할 수 있어."

그렇게 헌신하듯 사랑을 표현하면 부모 자신이 손해를 본다. 부모 사랑의 가치를 스스로 떨어뜨리기 때문이다. 아이들도 부담스럽다. 자신이 부모의 삶을 통째로 희생시킨다면 기분이 좋을 수가 없다. 잔소리를 바꾸는 게 낫다. 걱정 표현을 약화시키는 잔소리여야 한다. 아이와 부모의 삶을 분리시키는 잔소리도 좋다.

"오늘 날씨가 추워. 알아서 잘 입었지?"
"아침밥을 안 먹는다고? 그러렴. 배가 안 고픈가 보네."
"엄마에게는 엄마 인생도 있어. 그건 너를 사랑하는 것과는 별개의 문제야."

아이에게 사랑을 아낌없이 듬뿍 주어야 한다는 건 육아의 제1원칙이다. 하지만 사랑을 고갈시키면 안 된다. 부모는 자신을 위한 사랑도 남겨야 한다.

부모 역할은 참 어렵고 복잡하다. 나보다 아이를 사랑하면서도 동시에 나도 많이 사랑해야 하는 게 부모가 할 일이다. 잔소리에도 그런 태도가 녹아있어야 한다. 무한히 헌신하거나 끝없이 사랑한다는 뉘앙스는 잔소리의 효과와 가치를 자주 떨어뜨리기 때문이다. 때로는 약간 거리를 두고 약간 온도를 낮추는 잔소리가 고급 잔소리가 될 것이다.

3부

아이의 태도와 행동이 스스로 달라지는 잔소리

7장

아이의 성장을 돕는 잔소리

아빠가 이러지 말라고 했지?
규칙을 지켜야 하지 않을까?

부모는 지시가 아니라 규칙을 따르도록 아이를 키워야 한다. 아이가 스마트폰 게임을 몰래 하다가 들켰을 때 많은 부모들이 화를 참지 못하고 이런 잔소리를 쏟아낸다.

"아빠가 이러지 말라고 했지?"
"엄마가 이러라고 했어, 하지 말라고 했어?"
"아빠 말이 그렇게 우스워?"

이 잔소리 속에는 절대군주 같은 면모가 다분하다. "감히 나의 명령을 어겨?"라는 의미가 담겨 있기 때문이다. 이 잔소리에는 부모의 대결적 사고방식도 드러난다. 마치 아이와 자신이 대결을 하고 있는 것처럼 말하고 있다. 부모의 말에 반항하는 아이의 태도에 화가 나는 것이다.

하지만 아이들은 부모에게 모욕을 줄 생각으로 스마트폰 게임을 몰래 하는 게 아니다. 그것이 다른 어떤 일보다 즐겁기 때문에 하는 것이다. 어른들도 한번 시작하면 손에서 놓기 어려운 게임을 아이들이 절제할 수 있다고 생각하는 것 자체가 잘못이다.

현명한 부모라면 이럴 때 아이의 잘못은 부모의 말을 거역한 것이 아니라 규칙을 위반한 것이라고 생각해야 한다. 스마트폰을 오래 쓰지 않는다는 규칙을 어겼기 때문에 제지를 해야 하는 것이다. 그렇게 생각하면 무턱대고 소리를 지르거나 화를 낼 이유가 없다.

"그건 규칙 위반이야."

"너 또 규칙을 어겼네. 그건 잘못이지."

이렇게 객관적인 근거를 대고 아이를 제지해야 아이도 더 이상 할 말이 없어진다. 만약 절대자와 같은 태도로 아이에게 소리를 지르고 아이를 다그치면 아이들은 자신의 잘못을 인정하기보다는 부모의 태도를 문제 삼거나("근데 왜 그렇게 소리를 질러?") 부모의 눈치만 보게 된다. 그리고 또다시 부모의 눈을 피해 게임할 기회만 엿볼 것이다.

부모가 마치 절대자라도 되는 듯이 쏟아내는 잔소리가 또 있다. 부모 자신의 지시를 절대화하는 것이다.

"아빠가 한 말 기억 못 하니?"
"엄마가 어떻게 하라고 했지?"

부모의 말을 잊어버릴 수도 있는데 그 사소한 잘못이 큰 죄라도 되는 것처럼 몰아세우고 있다. 사실 부모의 잔소리는 잘 기억이 안 난다. 부모는 늘 너무 많은 지시와 부탁과 요구를 쏟아내기 때문이다. 그러니 아이가 부모의 말을 잊었다고 해서 상처받거나 화를 낼 이유는 없다. 그럼 어떻게 해야 할까? 규칙을 기억하게 해야 한다.

"지난번에 엄마랑 게임 시간을 어떻게 정했지?"
"너랑 함께 정한 규칙은 반드시 지켜야 해. 지키지 않았을 때 네가 스스로 정한 벌칙도 기억하고 있지?"

양육자인 부모가 아이와 다른 위치에 서 있어야 하는 건 맞다. 하지만 그렇다고 절대자의 위치에 서 있으려고 해서는 안 된다. 부모는 자유롭지만 반드시 지켜야 하는 규칙이 있는 민주적인 분위기를 이끌어가는 사람일 뿐이다. 물론 그 규칙 또한 부모가 일방적으로 정하는 규칙이 아니라, 아이와 합의해서 아이의 의견을 최대한 반영해서 정해야 한다.

따라서 아이가 규칙을 지키지 않았을 때는 엄격하게 대하되, 규칙을 어긴 것에 대한 제지라는 걸 분명히 알려줘야 한다. "엄마가 뭐라고 했어?"라거나 "넌 아빠 말이 우스워?"라면서 부모의 권위를 내세우면 아이들도 감정적으로 대응한다. 강압적인 부모 아래에서 밝고 자유로운 아이로 성장하기는 어렵다. 눈치를 보는 아이, 자기주장을 못하는 아이가 되기 쉽고, 부모와의 관계도 위태로워진다. 탈권위적인 민주적 환경에서 규칙의 중요성과 규칙을 지켜야 하는 이유를 아이에게 납득시켜야만 아이도 그 말에 따른다. 권위적 부모 밑에서는 건강한 아이로 성장하기 어렵다는 점을 반드시 기억해야 한다.

넌 이것도 모르니?
모르니까 배우는 거야

아내는 어릴 때 모자란 아이로 취급받은 적이 있었다고 한다. 국어나 수학 문제를 틀리면 부모님이 "너는 몇 살인데 아직도 이걸 모르니?"라며 야단을 쳤는데, 그때마다 자신이 조금 모자란 아이인가 하는 생각이 들었다는 것이다.

사실 나도 그런 말을 들으며 자랐다. 친구들도 그랬다고 한다. "아직도 이걸 몰라?" 이런 식의 비난을 들으며 자랐다는 것이다. 그만큼 부모들이 자주 하는 말이다. 그런 말을 아무렇지 않게 듣고 자라서일까? 우리 부부도 이런 식의 말을 아이에게 자주 했다.

"넌 이것도 모르니?"

"몇 살인데 이런 문제도 못 풀어?"

아이가 자신을 부끄러워 하게 만드는 말이다. 부모들은 왜 이런 말을 하는 걸까? 아이에게 따끔하게 말해야 아이가 분발한다고 생각하기 때문이다. 채찍질을 해야 잘 달린다고 여기는 것이다. 하지만 누구에게나 지식의 우선순위가 있다. 중요하다고 생각하는 포인트가 다르기 때문에 누구에게는 너무나 당연한 상식이 누군가에게는 별로 중요한 지식이 아닌 것이다. 하지만 부모들은 그런 사정을 들여다보기보다 내 눈 앞에 보인 문제만을 크게 바라보는 경향이 있다. 자신의 상식이 누구에게나 상식이라고 생각하는 오만함도 하나의 이유다.

이런 식의 비난은 아이의 자존심을 상하게 만든다. '이런 걸 모르다니 나는 정말 형편없구나.' 하는 생각을 품게 만든다. 부모의 입장에서 반드시 알아야 할 지식인데 아이가 모르고 있다면 다른 식으로 말해보자.

"이건 3학년이라면 알아야 할 것 같아. 늦게 알았지만 지금 정확하게 알면 돼."

"모르는 게 부끄러운 일은 아냐. 배우면 되니까. 처음부터 다 잘 하고 다 잘 아는 사람은 없어."

아이의 성장가능성을 믿는 잔소리다. 이 잔소리에는 '아직까지 이걸 모르면 안 된다'는 다소 비판적인 평가와 '너는 충분히 성장할 수 있다'는 응원이 함께 들어 있다. 차갑게 비판만 해서도 안 되지만, 무작정 응원만 하는 것도 좋지 않다. 아이가 뒤처졌다면 조심스럽게 사실을 이야기해 주는 것도 나쁘지 않다.

그러니까 이때 잔소리는 손이 두 개여야 한다. '객관적 평가와 용기 주기.' 이 두 가지 모두를 선물하는 잔소리가 좋은 잔소리다.

게임은 해로워
게임은 좀비야

게임에 빠지면 정신적 성장이 더뎌진다. 사고력이 허약해지기 때문이다. 어떻게 하면 게임을 줄이고 생각과 공부를 많이 하도록 아이를 이끌 수 있을까? 전 세계 학부모의 절실한 고민이다. 대부분의 부모는 게임에만 정신이 팔린 아이를 향해 이렇게 잔소리를 한다.

"공부 좀 해! 게임만 하지 말고!"
"책을 읽어야 똑똑해지지. 그렇게 게임만 하면 머리가 굳어서 멍청해진다고! 당장 그만두지 못해?"

이런 잔소리로는 아이 마음을 움직이기 힘들다. 듣기 괴로울 뿐이다. 물론 부모가 더 불같이 화를 내면 게임은 멈추겠지만 그렇다고 공부에 몰두하게 되지는 않는다. 머릿속에는 게임 생각만 가득할 게 분명하다. 게임의 잔상이 아른거릴 것이다.

게임을 못하게 하고 잔소리를 한다고 해서 아이들이 게임을 안 하게 될까? 절대 그렇지 않다. 무조건 금지하는 것보다 아이들 마음이 게임에서 자연스럽게 멀어질 수 있게 유도해야 한다. 아이들이 게임을 자제하고 조절할 수 있게 이끌어야 한다. 적절한 비유가 섞인 잔소리가 도움이 된다.

"게임이 휴식이 될 수는 있어. 그런데 그렇게 게임에만 몰두하면 게임은 휴식이 아니라 흡혈귀가 되는 거야."

"게임은 적당히 해야 너한테 도움이 돼. 그렇게 게임만 하면 게임은 좀비가 되는 거야. 너의 에너지와 시간을 먹는 좀비."

아이가 잘 알아들을 수 있도록 비유를 사용해서 말하면 아이들도 귀가 솔깃해진다. 친숙한 대상을 비유로 들 수도 있다.

"게임이 재밌긴 하지. 근데 콜라나 사탕처럼 너무 많이 먹으면 네 건강을 해쳐. 입에서는 달지만 가장 중요한 건강에 치명적인 해를 입히는 거야."

"게임은 바이러스 같은 거야. 눈에 보이지는 않지만 치명적일 수 있거든. 감기 바이러스처럼 잠깐 앓고 지나가게 될지, 아니면 치명적인 후유증을 남기는 바이러스가 될지는 네가 게임을 어떻게 조절하고 절제하느냐에 달렸어."

게임에 대해 다시 한번 생각할 수 있도록 부모는 어떻게든 아이들이 알기 쉬운 비유를 찾아내야 한다. 반면에 책을 읽는 행위에 긍정적인 비유를 하면 설득력이 생긴다.

"책은 영양가 높고 맛있는 음식을 먹는 것과 같은 거야."

"짧은 시간에 다른 세상으로 여행할 수 있는 건 책밖에 없어. 책을 읽는 건 세계여행을 하는 것과 마찬가지야."

"프란츠 카프카라는 소설가는 '책은 도끼다'라고 말했어. 우리 마음속에 있는 얼어붙은 바다를 깨는 도끼라는 거야. 무슨 뜻일까? 잘못된 생각에서 탈출하게 해준다는 의미야. 책은 그렇게 우리의 정신세계를 성숙시키는 매개체야."

"책은 스트레스 해소책이야. 책을 보는 동안에는 친구와 다퉜던 기억이나 아빠에게 야단맞았던 기억도 다 잊히니까."

"책은 타임머신이야. 책을 펴면 수천 수만 년 전 세상으로도 갈수 있잖아. 삼국시대, 조선시대, 고대 그리스 등 가고 싶은 어디로든 갈 수 있어. 놀랍지 않니?"

책이 왜 유익한지 비유를 통해서 설명했다. 이런 비유 잔소리는 아이의 머릿속에 선명한 이미지로 남아 아이의 관심을 유도한다.

비유 잔소리로 부족하다면 또 다른 대안도 있다. '선택지 잔소리'다. 선택권의 일부를 아이에게 주는 것이다. 아이들도 독립적 존재라서 지시받는 걸 싫어한다. 명령 대신 선택을 제안하면 관심을 기울인다.

"책을 읽으면 지식이 쌓이고 게임을 하면 게임 점수만 쌓여. 뭐가 너한테 도움이 될까? 네 의견은 어때?"

"책을 많이 읽으면 용돈을 두 배로 올려줄게. 대신 게임을 우리가 정한 규칙보다 더 많이 하면 벌칙을 정하는 게 좋겠어. 엄마는 용돈을 반으로 줄이는 벌칙을 정하고 싶은데, 네 생각은 어때?"

"공부와 게임의 비율을 정해보자. 아빠 생각에는 공부를 2시간 하면 게임은 30분만 하면 좋겠어. 너는 어떻게 하면 좋겠니?"

물론 아이가 선택 자체를 안 하려고 할 수도 있다. 그럴 때는 거기서 포기하지 말고 엄격하고 진지하게 다시 한번 설명한 뒤 규칙과 규칙을 어겼을 때의 벌칙을 의논해서 정해야 한다. 효과적인 것은 그 규칙과 벌칙에 아이 의견을 적극적으로 반영하고, 만약 규칙을 잘 지켰을 때는 적절한 보상을 주는 게 좋다. 그리고 지속적으로 게임에만 빠져 있는 게 왜 나쁜지 자주 설명해 주어야 한다.

"엄마 생각에는 생명을 빼앗거나 총 쏘는 게임은 적당히 하는 게 좋을 것 같아. 어릴 때 너무 많은 폭력에 노출되면 정서적으로 좋지 않거든."

"게임을 많이 하면 집중력과 신체기능이 떨어진다는 연구 결과가 있어. 게임은 같은 자세로 오랫동안 앉아서 해야 하고 수도 없이 화면이 바뀌고 현란하니까 그런 연구 결과가 나온 거겠지. 그러니까 지나치게 몰입하면 안 돼."

마지막으로 '공감 잔소리'도 시도해 볼 만하다. 사실 게임은 재미있다. 스트레스를 줄이는 것도 사실이고 친구들과 함께하는 게임은 사회성도 길러준다. 그러니까 게임을 하고 싶어 하는 아이의 입장을 긍정해 주면서 시간을 조절하자고 제안하는 것이다.

"게임이 재밌긴 하지. 엄마도 게임을 해봐서 잘 알아. 다만 너무 오래하는 게 문제인 거야. 중요한 일을 제쳐두고 게임만 하는 건 시간을 낭비하는 일이야. 네가 할 일을 먼저 끝내고 게임하기, 그리고 게임 시간 지키기. 이 두 가지만 약속하면 엄마도 게임으로 혼

내지 않을게."

"게임을 못 하게 할 생각은 없어. 하지만 엄마랑 정한 규칙은 반드시 지켜야 해. 그것만 잘 지키면 엄마도 네가 게임하는 걸로 잔소리할 생각 없어."

게임은 중독성이 강해서 단숨에 끊게 할 수 없다. 아이가 하루하루 조금씩 게임에서 멀어지게 돕는 게 최선이다. 말하자면 좋은 잔소리는 느림의 미학이다. 단번에 아이를 고쳐놓겠다는 조급증은 반발만 부른다. 1밀리미터씩 천천히 아이를 바로잡으려는 여유로운 마음이 잔소리의 효용을 높인다.

또 그러면 그땐 진짜 혼날 줄 알아

그런 행동은 앞으로 절대 해서는 안 돼

아이는 부모에게 커다란 기쁨이지만 화를 돋우고 걱정을 끼치는 존재이기도 하다. 아이를 키우다 보면 화나는 일이 한두 개가 아니다. 아이로부터 오는 분노는 어떻게 표현해야 할까? 가령 아이가 매번 방문을 쾅 닫고 제 방으로 들어가 버린다면 부모는 아마 다음 세 가지 방법 중 하나로 대응할 것이다. 먼저 화를 숨기는 침묵 대응법이다.

'그래, 문을 세게 닫을 수도 있지. 이해해. 엄마는 신경 안 쓸 테니 넌 공부에만 집중해.'

아이에게 직접적으로 말하지 않고 그저 속으로 이런 생각을 하며 특별한 반응을 보이지 않는 것이다.

다음은 분노를 공격적으로 표현하는 대응법이다.

"너 툭하면 문 쾅 닫고 들어가는데 어디서 그 따위 버릇을 배웠어? 한 번만 더 그러면 아주 혼날 줄 알아, 알겠어?"

아이가 화난 만큼 부모도 똑같이 화를 내는 대응법이다. 집안 분위기가 얼어붙는 건 당연한 일이다.

다음은 분노를 이성적으로 단호하게 처리하는 대응법이다.

"너도 문을 그렇게 세게 닫을 만큼 화가 났겠지. 그래, 엄마도 어릴 때 그런 적 있으니까 이해해. 하지만 그건 옳은 행동이 아니야. 화가 나면 왜 화가 나는지 엄마한테 말로 해. 그래야 서로에게 오해가 안 생기고 서로의 입장을 이해할 수 있게 되는 거야."

아이를 이해한다고 다독인 뒤 옳지 않은 행동임을 정확하게 지적하고 대안을 제시했다. 이처럼 아이의 행동에 대한 부모의 대응법을 정리해 보면 이렇다.

[분노 표현의 세 종류]

침묵	공격	단호함
화가 났다는 사실을 숨긴다.	분노를 언어적, 물리적 공격으로 표현한다.	논리와 이성을 잃지 않고 화를 표현한다.
말이나 표정으로 화를 드러내지 않으려고 애쓴다.	요구나 의견을 조리 있게 말하지 못한다. 폭발적이고 비이성적이다.	요구나 의견을 단호히 밝힌다.
목표는 갈등 모면과 충돌 회피다.	목표는 상대를 완전히 제압하는 것이다.	목표 의식이 분명하고 상대를 설득한다.
잔소리를 억누르면 본인에게 분이 쌓이고 부모 자녀 관계가 악화될 수도 있다.	잔소리가 격해진다. 분노를 표출하는 잔소리가 관계 파탄의 위험을 낳는다.	예의를 지키면서도 명료하게 잔소리를 하면 효과적이며 관계 개선도 기대할 수 있다.

짐작하듯이 단호함이 가장 이상적이다. 침묵과 공격적 대응법은 부모와 자녀 모두에게 해를 끼친다. 아이로부터 생긴 분노를 단호하게 표현하는 부모가 속병도 적고 아이도 바르게 훈육할 수 있다.

단호하게 훈육하기 위해서는 먼저 평소에 각오를 다지는 게 좋다. 가령 아이를 상대로 절대 불같이 화내지 않고 차분히 설명하겠다고 여러 번 되뇌이는 것이다. 하루에 열 번이건 10분이건 반복해서 다짐하면 결정적인 순간에 감정 분출에 제동이 걸린다. 획기적인 변화를 가져오진 않지만 꾸준히 훈련하면 반드시 효과가 있다.

'상상 훈련법'도 있다. 화가 들끓는 상황을 상상하면서 어떻게 반응할지 미리 시뮬레이션을 해보는 것이다. 이 방법은 순간적인 분노 앞에서는 힘을 잃지만 아이의 언행 때문에 화가 나서 아이를 훈육해야겠다는 생각이 들 때 유용하다.

세 번째 방법은 목표 의식을 뚜렷이 하는 것이다. 화가 나면 스스로에게 묻는 것이다. 무엇을 얻기 위해서 화를 내는지. 내가 왜 분노하는가를 생각하면 감정이 즉흥적으로 작동하지 않는다.

물론 이와 같은 내용은 이론일 뿐이다. 현실의 부모는 불완전한 존재다. 수백 번 다짐하고도 화를 터뜨리게 된다. 아마 예수님이나 부처님이어도 분노 없이 아이를 기르는 건 불가능할 것이다. 그러니 불완전한 우리는 분노 제로 육아를 지향하면 안 된다. 화를 한두 번 냈다고 심하게 자책할 것도 없다. 어제보다 화를 줄이기만 해도 훌륭한 부모다. 더 나아가 화 대신 친절한 잔소리를 해줬다면 최고 수준의 부모인 게 분명하다.

왜 엄마 말을 안 듣니?
엄마가 아주 재밌는 이야기해 줄게

잔소리의 약점은 대체로 지루하다는 데 있다. 그러나 모든 잔소리가 듣기 싫고 지루한 것은 아니다. 흥미진진한 잔소리도 있다. 잔소리로 귀를 솔깃하게 만들 수도 있다. 아이의 감정을 건드리면 된다. 아이가 부모 말에 귀를 기울이지 않는 상황이라고 가정해 보자. 보통 부모들은 이렇게 잔소리를 할 것이다.

"엄마가 말하고 있는데 왜 딴청이야?"
"지금부터 아빠 말 잘 들어. 정신 딴 데 팔지 말고."

부모 말을 잘 들으라고 야단치듯이 잔소리를 해봐야 아이들은 귀를 기울이지 않는다. 이런 경우 아이의 감정을 움직이면 아이의 태도가 달라진다.

"아빠가 오늘 아주 웃긴 이야기를 하나 들었는데 말해줄까?"
"깜짝 놀랄 만한 이야기가 있는데 들어볼래?"

일방적으로 내 이야기를 들으라고 강요하지 말고, 아이들이 흥미를 느낄 만한 이야기를 통해 아이의 관심을 끌어보자. 아이들은 웃음, 재미, 감동 같은 감정에 쉽게 반응한다.

감정에 호소하는 잔소리도 있다.

"어제 엄마한테 엄청난 일이 있었어. 이제부터 아주 놀라운 이야기를 해줄게."
"오늘 아빠한테 힘든 일이 있었어. 들어줄래?"

부모가 겪은 슬프거나 힘든 일, 기쁜 일로 아이의 감정에 호소하는 것이다. 이런 식으로 서두를 시작하면 아이는 흥미를 느끼게 되고 부모의 말에 놀라운 집중력을 보인다. 이렇게 아이의 집중력을 끌어낸 뒤 그 이야기 끝에 아이에게 하고 싶었던 메시지를 덧붙이면 된다.

하지만 아이에게만 일방적으로 경청의 자세를 요구해서는

안 된다. 부모 또한 아이의 말을 흥미진진하게 들어주어야 한다. 잘 듣는 것만으로도 부모와 아이의 관계는 긴밀해지고 아이의 태도도 달라진다.

미국의 작가이자 교육자 스튜어트 다이아몬드Stuart Diamond는《어떻게 원하는 것을 얻는가Getting More》에서 부모가 자기 말을 경청하며 이해해 준다고 생각하는 10대들은 월등한 강점이 있다는 연구 결과를 언급했다. 그런 아이들은 자존감이 높았고 독립적으로 생각할 수 있었으며 사람을 잘 사귀고 결정 능력도 높았다.

당연한 결과다. 부모가 누구보다도 진지하게 내 말에 귀를 기울인다는 건 그만큼 내가 소중하고 가치 있는 존재라는 의미다. 내가 소중한 사람이라는 확신이 생기면 어디서든 당당할 수 있다. 또 어떤 결정을 내리더라도 자신감을 갖게 된다. 즉 부모의 경청이 아이의 자존감과 자신감을 높여준다는 이야기다.

아이에게도 경청을 부탁하자. 너의 경청이 엄마 아빠의 자존감을 높여준다고 설명하는 것이다. 아이의 듣기 태도가 크게 달라질 수 있다.

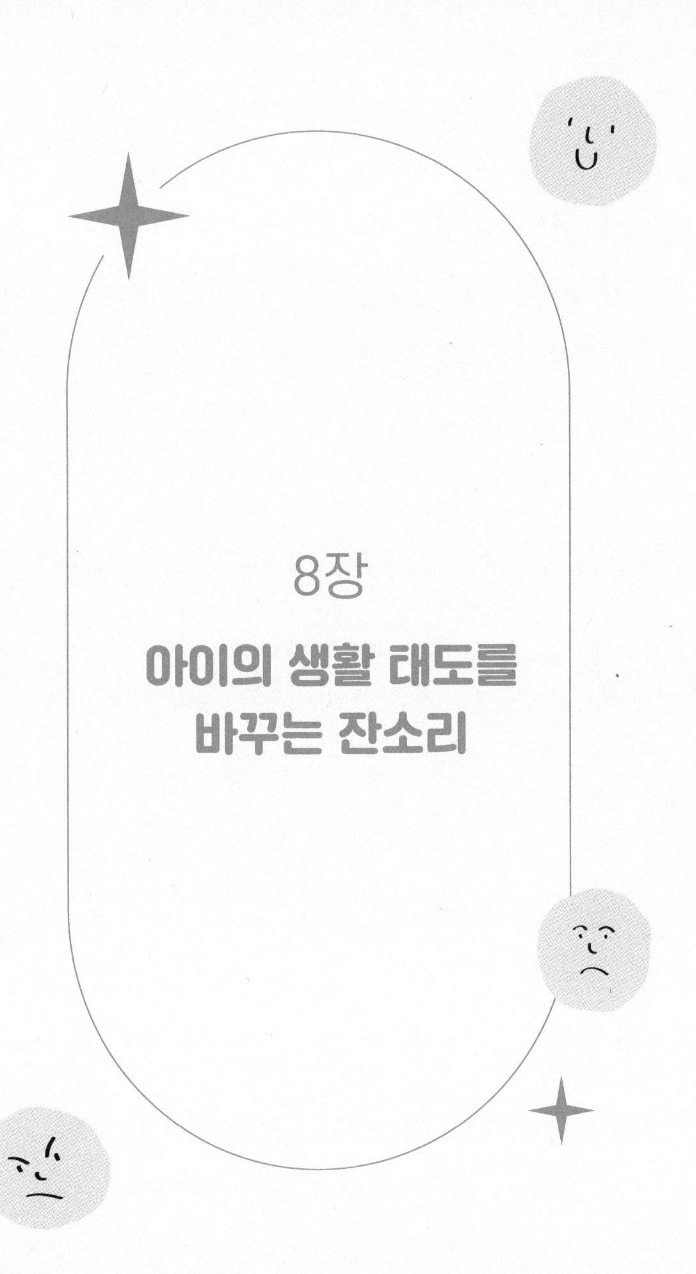

8장

아이의 생활 태도를 바꾸는 잔소리

너 굼벵이니?

넌 점점 나무늘보가 되어가고 있구나

개인의 외모, 성격, 지적 능력, 신뢰도 등을 비난하는 것을 인신공격이라고 한다. 아주 근원적은 문제를 지적하기에 상대가 큰 충격을 받을 수밖에 없다. 이런 공격을 부모도 자식에게 한다.

"네 방을 좀 봐. 그게 돼지우리지 방이야?"
"굼벵이니? 왜 이렇게 느려?"
"옷차림하고 머리 꼴이 그게 뭐야?"

따끔한 자극을 줘서 아이를 변화시키려는 목적으로 퍼붓는 인신공격성 잔소리다. 하지만 아무리 좋은 의도를 가졌다고 한들, 방법이 잘못됐으면 안 하니만 못한 일이 된다. 이런 말을 듣고 불쾌하지 않으면 그게 오히려 이상하다. 아이의 취향, 성격, 태도 등을 직접적으로 공격하는 매우 독성이 진한 잔소리다.

이런 인신공격 잔소리는 아이의 변화를 이끌어낼 수도 없다. 아이를 설득하지 못하기 때문이다. 상대의 감정을 상하게 해서는 그 누구도 설득할 수 없다. 이런 말을 들은 아이는 표현하지 않을 뿐 불쾌하고 자존심이 상한다. 그런 감정들은 농축되었다가 감정의 응어리로 폭발할 수 있다.

그렇다고 부모가 아이의 문제를 보고 가만히 있을 수는 없다. 아이가 싫어한다고 해도 잔소리를 해야 하는 게 부모의 역할이다. 그렇다면 어떻게 말해야 할까? 조금 다듬어서 안전하게 표현하면 된다.

우선 요구의 폭을 줄인다. 근본적이고 전면적으로 바꾸라고 요구하지 말아야 한다. 그런 교정은 애초에 가능하지 않다. 작은 것 하나씩 고치는 게 아이에게도 부모에게도 스트레스를 줄이는 일이다. 즉 작은 성공을 지향하는 잔소리를 해야 하는 것이다.

"방이 너무 지저분하지 않니? 그래, 너도 너만의 규칙이 있을 테니까 그건 이해할게. 근데 책상 위는 꼭 정리하자. 이런 상태에서는 공부도 머릿속에 잘 안 들어와. 그건 할 수 있지?"

"네가 점점 게을러지는 것 같아서 걱정이야. 원래 잠이 많고 성격이 느린 편이니 그것까지 고치라고 하지는 않을게. 그래도 학교에 지각하는 건 안 돼. 8시 20분까지는 학교 갈 준비를 마치겠다고 약속해. 그래야 지각하지 않으니까. 학교에 제때 가는 건 학생이 지켜야 할 기본적인 태도니까 그건 엄마도 양보 못해."

아이가 왜 그런 생활 태도를 보이는지 존중하면서 그럼에도 꼭 지켜야 할 규칙을 정했다. 이렇게 잔소리를 하면 아이는 자신의 생활 태도를 비난받지 않았기에 부모가 제시한 규칙을 훨씬 쉽게 받아들일 수 있다. 물론 규칙을 제안할 때는 아이가 받아들일 수 있는 선에서 아이가 납득할 수 있도록 논리적인 이유를 대야 한다.

다음으로는 아이의 취향을 존중하는 선에서 잔소리를 하는 것이다. 아이의 취향을 옳다 그르다 판단하는 것이 아니라, 다만 부모의 취향에는 맞지 않는다고 말하는 것이다.

"솔직히 네 헤어스타일 보고 엄마는 너무 깜짝 놀랐어. 엄마 눈에는 좀 불량해 보이는 것 같은데, 요즘은 그게 유행이야?"

부모의 취향에 맞지 않는다고 솔직히 말했지만 당장 그만두라고 강요하지는 않았다. 다만 의아함을 표현했을 뿐이다. 원래 인간은 하지 말라고 하면 더 하고 싶은 심리가 있다. 그러니 아무리 이해할 수 없고 보기 싫은 모습이라도 일단은 아이에게 맡겨두는 게 좋다. 부모 뜻대로 하려다가는 크게 엇나갈 수 있다. 이런 식으로 부모의 의견을 말해두면 그다음은 아이가 알아서 할 것이다.

마지막 방법은 창의적으로 잔소리를 하는 것이다. 선명한 비유를 들어서 아이가 생생하게 이미지화할 수 있게 하는 것이다. '굼벵이'나 '돼지'도 비유지만, 이건 나쁜 비유다. 아이가 기분 나쁘지 않게 착한 비유를 써서 잔소리를 해야 한다.

"아빠가 보기에 너는 점점 나무늘보가 돼가는 것 같애. 왜 그렇게 느릿느릿, 천천히 행동하는 거야. 너 <주토피아> 봤지? 거기 나오는 나무늘보 보면서 너도 속 터진다고 했던 것 같은데 니가 지금 꼭 그렇다니까?"

나무늘보 흉내를 내면서 유머러스하게 표현하는 게 좋다. 무거운 이야기를 가볍고 유머러스하게 표현하는 건 좋은 화법이다. 물론 매번 그러면 아이가 문제를 심각하게 인식하지 못하니 가끔씩만 사용하는 게 좋다.

우리는 대부분 잔소리 안에 상대에 대한 비난을 끼워 넣는다. 하지만 아이를 굼벵이라고, 돼지라고 비난해 봐야 아이의 행동은 바뀌지 않는다. 오히려 부모에 대한 반감만 생길 뿐이다. 기분만 나쁘고 재미도 없는 인신공격성 잔소리는 접어야 한다. 아이를 변화시키고 싶다면 분노보다는 설득이 주효하다는 것을 잊지 말아야 한다.

너는 참 말을 안 들어

너는 자기 주관이 강한 아이야

아무리 잔소리를 해도 아이들의 행동은 잘 고쳐지지 않는다. 그래서 부모는 계속 잔소리를 한다. 하지만 아이에 대한 부정적 시각을 긍정적으로 바꾸면 잔소리의 질과 양이 확 달라진다. 많은 부모들이 잔소리의 원인은 아이에게 있다고 믿는다. 아이의 행동이 문제니까 잔소리와 훈계를 멈출 수 없다고 생각한다. 그래서 이런 잔소리를 입에 달고 산다.

"잔소리 그만하라고? 네가 행동을 똑바로 해야 잔소리를 안 하지."

"네가 그렇게 말하고 행동하는데 어떻게 잔소리를 안 하니?"

일견 타당한 말이지만 온전히 맞는 말은 아니다. 부모 자신이 잔소리의 원인인 경우도 많기 때문이다. 부모가 자녀를 부정적인 시각으로 평가하기 때문에 불만이 쌓여 잔소리로 표출되는 것이다. 예를 들어 아이가 너무 고집이 세다고 생각하는 부모는 아이의 고집을 꺾기 위해 야단치고 잔소리를 한다. 하지만 시각을 바꿔서 고집이 센 것이 아니라 '주관이 강하다.' 또는 '자기주장이 있다.'라고 생각하면 그걸 고쳐야 하는 태도라고 생각하지 않는다. 당연히 잔소리도 사라진다. 이런 예는 무수히 많다.

부정적인 자녀 평가	긍정적인 자녀 평가
우리 아이는 내성적이다.	우리 아이는 생각이 깊고 신중하다.
우리 아이는 까다롭다.	우리 아이는 기준이 엄격하다.
우리 아이는 말을 안 듣는다.	우리 아이는 자기 주도적이다.
우리 아이는 집중을 못한다.	우리 아이는 관심 영역이 넓다.
우리 아이는 친구들과 많이 다툰다.	우리 아이는 친구들과 많이 다투지만 금방 화해한다.
우리 아이는 너무 느리다.	우리 아이는 서두르지 않는다.
우리 아이는 너무 급하다.	우리는 아이는 진취적이다.
우리 아이는 가만있지 못한다.	우리 아이는 에너지가 넘친다.

아이를 긍정적으로 평가하면 좋은 부모가 될 수 있다. 아이의 나쁜 점이 도드라져 보이지 않으니 표정이 밝아지고 아이를 이해하게 된다. 그렇다고 잔소리를 아예 하지 말라는 뜻은 아니다. 다만 잔소리의 양과 질을 바꿔보자는 것이다. 아이를 긍정적으로 평가하기 시작하면 잔소리도 긍정적으로 바뀐다. 그렇게 되면 자연스럽게 아이의 긍정적 자아도 강화된다.

"너는 목표 지향적인 태도가 장점이야. 그런데 가끔 지나쳐서 서두를 때가 있어. 그것만 고치면 정말 좋을 것 같아."

"너는 기준이 높고 엄격한 아이야. 그게 너의 장점이지. 그런데 다른 아이들은 기준이 다를 수 있어. 그러니까 네 맘에 안 든다고 그 문제로 다투면 안 돼. 사람마다 기준의 종류와 높낮이가 다르니까."

아이에게 성급하다고 잔소리하기 전에 목표지향성이 강한 아이라고 생각하면 고쳐야 할 점도 긍정적으로 제시하게 된다. 모둠 활동을 하면서 친구와 다투는 아이를 보며 아이가 양보할 줄 몰라서 그렇다고 생각하기보다는 만족 기준점이 높아서 그런 것은 아닌지 다시 한번 생각해 보는 것이 좋다. 아이의 행동에는 이유가 있다. 그 이유를 찾아서 아이를 긍정적으로 바라보려고 노력하는 것이 부모의 역할이다.

부정적인 평가가 아이의 정신에 무척 해로울 수 있다는 점을 기억해야 한다. 미국의 심리학자 수잔 포워드Susan Forward는《이 세상 모든 엄마와 딸 사이Mothers Who Can't Love》라는 책에서 부모가 비판적이고 부정적인 말을 많이 하면 아이의 내면에 다음과 같은 심리 사이클이 일어난다고 말한다.

아이가 부모의
비판적인 말을 받아들인다.

자신의 가치를 증명하려고
부모의 비위를 맞추는 행동을
반복하고 순종한다.

부모의 비판적 말을
신념화한다.

아이는 죄책감,
자기 비하, 분노 등
심리적 고통을 느낀다.

부모가 아이를 부정적으로만 평가하면 아이들은 그 평가를 사실이라고 믿는다. 이를테면 자신이 게으르고 고집 세고 성급하고 무례하다고 확신하는데, 그런 확신은 부모와의 상호작용 속에서 갈수록 강화된다.

'우리 아이는 문제가 많다.'는 부정적 생각에 사로잡히면 아이와 부모 모두 불행해진다. 부모는 잔소리를 하지 않고는 견딜 수 없을 만큼 불안과 불만이 가득해지고, 아이는 그 잔소리를 내면화해서 자기를 비하하는 악순환에 빠져든다.

아이에게 잔소리를 전혀 하지 않는 건 거의 불가능하다. 상처 주는 잔소리도 완전히 끊기 어렵다. 그래서 잔소리의 원인과 결과를 냉정하게 분석하는 습관이 더욱 필요하다. 잔소리가 사라지지는 않더라도 훨씬 순해질 수 있다.

너는 세 가지를 잘못했어

너는 세 가지를 잘하고 하나를 잘못했어

부정적인 잔소리는 아이가 스스로를 미워하게 만들고, 긍정적인 잔소리는 아이가 자신을 사랑할 수 있게 한다. 자기긍정은 인생을 살아가는 데 매우 필요한 인식이다. 그리고 부모를 통해서 단단하게 다져진다. 아이가 자신을 긍정하게 하려면 잔소리와 칭찬을 적절히 섞어서 해야 한다. 칭찬을 다섯 번 한다면 잔소리는 한 번 정도가 좋다. 하지만 현실에선 잘 지켜지지 않는다. 보통 부모들은 잔소리를 연타로 퍼붓는다.

"너는 글씨가 이게 뭐야? 오늘 시험 볼 때 또 실수했다면서? 그렇게 서두르는 이유가 뭐야? 수학 학원 숙제도 아직 안 했지?"

마음속에 차곡차곡 쌓아두었던 잔소리를 한꺼번에 쏟아놓는 것이다. 이런 잔소리는 반드시 실패한다. 아이의 귀만 시끄러울 뿐이다. 이런 잔소리를 듣고 자란 아이는 실수가 많은 자신을 싫어하고 그와 비슷한 일을 할 때마다 주눅이 든다. 자신감이 결핍된 아이로 성장할 가능성이 높다. 잔소리를 많이 한다고 해서 아이가 문제점을 빨리 고치는 건 아니다. 잔소리를 많이 들을수록 오히려 부모의 말에 거부감을 느끼고 흘려듣거나 자기에 대한 부정적인 인식만 쌓아갈 뿐이다.

미국의 심리학자 존 고트먼John Gottman은 행복한 부부는 5 대 1의 규칙을 따른다고 말했다. 기분 좋은 말을 다섯 번 했다면 나쁜 말을 한 번 해도 사이가 나빠지지 않는다는 것이다. 부부관계에서만 그런 것이 아니다. 친구관계, 인간관계도 마찬가지다. 부모와 자녀의 관계도 다르지 않다.

"엄마한테 반갑게 인사해 줘서 고마워. 미소가 너무 예쁘더라. 어제는 게임을 정해진 시간만 해서 너무 기뻤어. 일찍 오겠다는 약속도 지켜서 고마웠고. 밥도 맛있게 잘 먹으니 얼마나 보기 좋은지 몰라. 자, 그럼 이제 숙제를 해볼까?"

시간차를 두고 이렇게 말하면 아이는 숙제를 해야 한다는 마지막 잔소리에 거부감을 느끼지 않는다. 좋은 일을 다섯 가

지나 했다고 인정받았으니 기분이 좋고, 숙제는 자기가 해야 할 일이기 때문에 잔소리라고 느끼지 않는다. 물론 3대 1 정도의 비율로 줄여도 좋다.

> "오늘 학교에서 수업 시간에 너무 집중력 있게 열심히 공부했다고 선생님이 칭찬하시더라. 발표도 잘하고 모둠 활동에도 적극적이라니 아빠는 너무 기뻐. 그러니까 이제 지각만 안 하면 넌 완벽한 학생이야."

아이는 이런 잔소리를 잔소리라고 느끼지 않는다. 칭찬 같아서 거부감 없이 받아들일 테고, 나아가 문제점을 고치기로 스스로 결심할 수도 있다.

최선의 잔소리는 당의정이다. 쓴 알약에 설탕을 입히듯이 비판을 칭찬으로 감싸면 고급 잔소리가 된다. 설탕을 바른 잔소리는 아이들도 기쁘게 받아먹을 테니, 당의정 잔소리 또는 사탕발림 잔소리를 듬뿍 제조하는 부모가 잔소리의 장인이 될 수 있다.

너는 왜 형처럼 못하니?

네가 형보다 잘하는 것도 있잖아

부모들은 쉽게 내 아이와 다른 아이를 비교한다. 다른 아이들은 쉽게 잘하는 것을 왜 내 아이는 못할까, 왜 하지 않을까 화가 나고 짜증스럽다. 그러다 보니 다른 아이와 내 아이를 자주 비교해서 잔소리를 쏟아내곤 한다.

"엄마 친구 딸은 책상에 한번 앉으면 세 시간은 기본으로 공부한다더라. 그 얘기를 듣는데 얼마나 부럽던지."

"너는 왜 형처럼 예의 바르게 행동하지 않니? 같은 배에서 나왔는데 왜 이렇게 다를까?"

부모와 아이의 입장을 바꿔놓는다고 생각해 보자. 부모 역시 이런 비교하는 잔소리는 듣기 싫을 것이다. 이런 잔소리 안에는 '너는 부족하다.'라는 메시지가 숨어 있다. 아이의 자존심을 깎아내리는 말이다. 이런 말은 미움의 대상을 확장시켜서 부모뿐만 아니라 비교 대상인 상대방까지 미워하게 만든다. 아이의 친구, 형제자매와 비교하는 잔소리를 많이 한다면 아이의 인간관계를 망치고 있는 셈이다.

하지만 비교 잔소리가 해롭기만 한 것은 아니다. 자신의 일에서 큰 성취를 이룬 사람을 비교 대상으로 삼으면 아이도 자극을 받을 수 있다. 좋은 비교 잔소리는 비교 대상을 언급하되, 아이의 장점을 부각시켜 표현해 주는 것이다.

"형이 너보다 수학을 잘하는 건 사실이야. 하지만 너는 문학을 사랑하잖아. 네가 쓰는 시가 엄마는 참 좋아. 어떻게 이런 눈으로 세상을 바라볼까 감탄하게 되거든."

"네 친구가 이번에도 1등을 했다며? 걘 참 열심히 공부하는 것 같아. 하지만 그 아이와 너를 비교하지는 마. 잘하는 영역이 다를 뿐이니까. 너는 외국어를 잘하잖아. 아빠가 보기에 너는 언어 감각이 남다른 것 같아."

비교를 하더라도 각자의 강점을 나란히 놓아주면 누구를 미워할 일이 없다. 균형 잡힌 잔소리는 반감을 일으키지 않는다. 그리고 자신의 강점을 인정받은 아이는 흔쾌히 남의 강점을 인정하는 아이로 성장한다. 그런 아이야말로 각자의 다양성을 인정하고 스스로의 가능성을 발굴할 줄 아는 품이 넓고 자립적인 아이로 성장한다.

넌 누굴 닮아서 이 모양이니?
넌 누굴 닮아서 이렇게 멋있니?

내 아이가 내 아이가 맞나 싶을 때가 있다. 내가 어렸을 때는 저 정도로 못한 것 같지는 않은데 어쩐지 아이는 뭐든지 나보다 못하고 나하고 다른 것 같다. 그럴 때 부모는 꼭 이런 말을 한다.

"대체 너는 누굴 닮아서 이러니?"
"왜 이렇게 말을 안 들어? 어디서 이런 애가 나왔을까?"

책임 회피성 발언을 하고 나면 속은 시원해진다. 무슨 일이든 자신에겐 책임이 없다고 발뺌하면 마음이 홀가분해지니까 말이다. 하지만 아이의 마음은 어떨까? '정말 나는 왜 이럴까?' 하는 심란함에 휩싸인다. 자신을 마치 남처럼 말하는 엄마 아빠에게 원망스러운 마음도 들지 모른다. 그런 울적한 마음에는 어떤 잔소리도 효과가 없다.

이왕 잔소리를 하려면 효과가 있어야 한다. 책임 회피성 잔소리보다 '공감유도형 잔소리'가 훨씬 더 깊이 아이 마음에 가 닿는다. 부모의 생각을 솔직하게 말하면 아이도 부모의 마음을 이해하게 된다.

"너도 엄마가 백 퍼센트 마음에 들지 않을 거야. 좋기도 하고 불만스러운 점도 있겠지. 사실은 엄마도 그래. 너를 세상에서 제일 사랑하지만 '저런 점은 좀 고쳤으면 좋겠다.' 하는 부분이 있어. 우리는 누구한테나 기대하는 점이 있으니까."

굉장히 합리적인 태도다. 그렇다. 사람이 어떻게 사람을 백 퍼센트 마음에 들어할 수 있겠는가. 그건 아무리 부모라도 자식이라도 마찬가지다. 그러니 차라리 솔직하게 그런 부분을 서로 터놓고 이야기하는 것이 좋다.

"너는 누굴 닮아서 이러니?"라는 말을 쓰되 멋지게 비틀어 쓰는 방법도 좋다. 재미도 있고 아이도 즐거워할 것이다.

"너는 누굴 닮아서 이렇게 책을 좋아해? 엄마도 아빠도 이 정도는 아니었는데, 넌 정말 대단해."
"너는 어쩌면 이렇게 똑 부러지게 이야기를 잘하니? 신기하다. 이렇게 멋진 애가 어디서 나왔을까?"

엄마 아빠보다 훨씬 낫다는 칭찬이다. 이런 칭찬이 사랑 넘치는 아이를 만든다. 아이는 자랑스러운 자신을 사랑할 것이고 그 사랑으로 다른 사람도 있는 모습 그대로 받아들이는 밝은 아이로 성장하게 될 것이다.

9장

아이를 적극적으로 바꾸는 잔소리

부모를 존경해라

사람은 누구에게나 예의를 지켜야 해

부모를 못 본 척하고 인사도 제대로 하지 않는 아이들이 적지 않다. 그런 아이를 볼 때마다 부모는 속이 터진다. 불쾌한 기분도 든다. 꾹꾹 참다가 더 이상 안 되겠다 싶으면 소리를 지르며 화를 순식간에 쏟아낸다.

"넌 태도가 그게 뭐야? 지금 엄마를 무시하는 거야?"
"너는 부모를 존경할 줄도 모르니?"

이런 잔소리는 통제할 수 없는 것을 통제하려는 시도다. 실효가 없는 잔소리일 뿐이다. 존경심이나 존중하는 마음은 누구의 지시나 명령으로 만들어지지 않는다. 많은 시간과 유대감이 쌓인 뒤 마음속에서 저절로 우러나야 한다. 부모에 대한 존경심을 가지고 태어나는 아이는 단 한 명도 없다. 이런 사실을 인정한 후에 잔소리를 해야 한다. 통제할 수 있는 것만 통제하려고 해야 한다.

"아무리 그날 기분이 나쁘고 귀찮더라도 어른들을 만나면 바르게 인사해야 해."
"아빠가 무슨 말을 할 때는 잘 들어줬으면 좋겠어. 그게 대화하는 상대에 대한 예의야."

부모는 아이의 마음을 통제할 수는 없지만, 자세나 태도를 통제할 수는 있다. 그리고 그것은 가르쳐야 하는 영역이다. 그것만 잘해도 어디 가서 욕먹을 일은 없다. 유명한 문구를 인용해서 잔소리를 해도 높은 효과를 기대할 수 있다.

"'매너가 사람을 만든다'라는 말 들어본 적 있지? 매너를 지키지 않으면 사람이 아니라는 뜻이야. 사람들 간의 관계에서 가장 중요한 건 바로 예의야. 누군가를 만났으면 친절하게 인사를 건네고, 상대의 말을 귀 기울여 듣는 건 기본 중에서도 기본이야. 엄마 아빠에게도 매너를 지켜야 해. 엄마 아빠도 물론 너한테 예의를 지킬 거야."

여기서 중요한 결론이 도출된다. 통제의 대원칙을 세워놓으면 아이와 갈등을 줄일 수 있다는 점이다. 중요한 것은 통제할 수 있는 것과 통제할 수 없는 것을 분별하는 것이다.

통제할 수 있는 것	통제할 수 없는 것
아이의 인사 자세	부모에 대한 아이의 존경심
아이와 친구의 놀이 시간	아이와 친구의 관계
아이의 공부 시간과 태도	아이의 학교 성적
아이의 식사 태도	아이의 입맛

아이의 인사 자세는 통제할 수 있지만 마음은 통제할 수 없다. 사람의 마음은 긴 시간 동안 천천히 움직이고 변하는 것이다. 부모의 언행이 아이에게 부모에 대한 존경심을 심는다. 아이의 눈에 이해할 수도 납득할 수도 없는 언행을 일삼으면서 아이에게 존경을 강요할 수는 없다.

친구와의 놀이 시간은 통제 가능하지만 누구와 친하게 지낼지는 부모가 통제할 수 없다. 아이의 성적도 통제 불가하다. 성적을 올리려면 오랜 시간 꾸준히 학습시키고 관리해야 하기 때문이다. 학업을 성실하게 해나가야 하는 이유를 알려주고 미래의 꿈을 심어주는 식으로 에둘러 영향력을 행사할 수밖에 없다. 또한 아무리 편식하는 아이가 안타깝더라도 아이의 입맛을 억지로 바꿀 수는 없다. 물론 아이 스스로가 건강한 음식을 찾아먹도록 식단을 자연스럽게 바꾸거나 권유할 수는 있지만 아무리 몸에 좋은 음식이라도 억지로 먹일 수는 없는 노릇이다.

만약 아이의 어떤 행동에 화가 난다면 스스로에게 물어보아야 한다. '이 문제점은 내가 통제할 수 있는 영역인가 아닌가.' 통제할 수 없다면 오랫동안 천천히 자연스럽게 변화를 추구해야 한다. 아이를 나무라 봐야 역효과만 난다.

부모의 통제력에는 한계가 있다. 마음에 들지 않는 아이의 단점을 다 고치고 통제할 수 있는 부모는 세상 어디에도 없다. 그러니 잔소리를 할 때는 항상 잔소리의 내용이 하나마나한 것인가, 아니면 개선의 여지가 있는 것인가를 생각해야 한다. 부모가 통제할 수도 바꿀 수도 없는 부분에 대해 잔소리를 해봐야 아이는 귀를 막고 마침내는 마음의 문도 닫을 것이다.

너 잘되라고 하는 말이야
엄마 아빠도 불완전한 사람이야

밥을 배불리 먹은 후에 먹는 디저트처럼 실컷 야단을 쳐놓고 마지막에 덧붙이는 디저트 잔소리가 있다.

"너 잘되라고 하는 말이야."
"세상에 어느 부모가 자식에게 해로운 말을 하겠니?"

귀에 딱지가 앉도록 듣고 자란 잔소리이고, 입에서 자동으로 생성될 만큼 아이에게 매번 쏟아내는 잔소리다. 잔소리도 유전이 된다면 이 잔소리가 대표적일 것이다. 듣는 입장에서는 쓰디쓴 디저트를 먹는 기분이다. 기분이 묘하게 나쁘기 때문이다.

'너 잘 되라고 하는 말'이라는 뜻은 결국 '너는 너 자신에게 이로운 것이 뭔지 모른다'는 뜻이 숨어 있다. 그리고 '내 잔소리는 옳으니까 너는 무조건 따르라'라는 강요의 의도도 내포되어 있다. 이런 잔소리보다는 아이의 의견을 묻는 잔소리가 좋다.

"엄마는 네 생각이 좋지 않다고 생각해. 너는 어때?"
"너의 미래를 위해서 어떻게 하는 게 좋을까?"
"아빠 생각에는 네가 이렇게 했으면 좋겠어. 네 생각은 어때?"

아이에게 의견을 묻고 발언권을 부여하는 잔소리다. 아이의 의견을 묻는 잔소리는 수준 높은 잔소리다. 누군가에게 존중을 받는다는 건 기분 좋은 일이기 때문에 아이도 흔쾌히 자신의 의견을 말할 것이다.

발언권을 주는 이유는 아이를 존중해서만은 아니다. 부모도 불완전한 인간이기 때문이다. 부모라고 해서 무조건 옳은 선택을 하진 않는다. 자신의 편견, 자신의 꿈, 자신의 콤플렉스가 투영된 의견을 제시할 때가 많다. 인간은 누구나 지적으로나 정신적으로 미완성이다. 그러니 아이에게 무엇이 좋고 나쁜지 완벽하게 알 수 없다. 물론 아이보다 경험이 풍부하고 세상의 이치를 더 빨리 깨닫기는 했다. 하지만 세상은 빠르게 변하고 어제의 진리가 오늘은 진리가 아닌 것이 된다. 예전에는 상상도 할 수 없었던 일들이 이제는 당당히 양지로 나와 사람들의 박수를 받기도 한다. 그러니 누구든 진리에 가까운 답을 가지고 있지 않다. 물론 그렇다고 가르침을 포기하라는 뜻은 아니다. 자신의 불완전함을 인정하고 아이에게 다가가라는 뜻이다.

"물론 엄마 생각이 틀릴 수도 있어. 하지만 너에게 도움이 되는 방향으로 생각하고 행동하려고 노력하고 있어."

"아빠도 아빠로서 사는 게 가끔은 힘들고 두려워. 왜냐면 아빠도 잘못된 결정을 내릴 수 있으니까. 하지만 그럼에도 불구하고 아빠는 지금 위치에서 너에게 가르쳐야 하는 건 가르쳐야 한다고 생각해. 그게 아빠로서의 역할이야."

솔직함을 이기는 무기는 없다. 괜히 번지르르하게 속마음을 포장해 봐야 솔직함 앞에서는 다 무너진다. 부모도 불완전한 존재이고 완벽한 결정이라는 건 있을 수 없으니 이해해 달라는 고백은 아이의 공감을 이끌어내기 쉽다. 서로 노력하자는 의미를 갖고 있으니 아이의 마음도 부드럽게 풀어진다.

그 만화 너무 유치하더라
그 만화 묘하고 재밌고 매력적이더라

열일곱 살에 결혼해서 열아홉 살에 아들을 낳고, 7년 동안 육아 전쟁을 치른 엄마가 있다. 그녀가 빛나는 육아의 10가지 규칙을 정리했다.

① 일관적이어야 한다.
② 아이가 있는 곳에서 남에게 아이에 대해 말하지 말라. 아이가 남의 시선을 의식하게 만들어서는 안 된다.
③ 나 같으면 좋아하지 않을 일을 했다면 아이를 칭찬하지 말라.
④ 해도 괜찮은 일을 했다면 아이를 심하게 질책하지 말라.

⑤ 매일 루틴을 수행한다. 먹기, 숙제하기, 씻기, 이 닦기, 방으로, 대화, 숙면.

⑥ 내가 다른 사람과 있을 때는 아이가 나를 독점하게 두지 말라.

⑦ 아빠에 대해 항상 좋게 말하라. 한숨이나 초조함이나 심각한 표정 없이.

⑧ 아무리 유치하더라도 아이의 환상을 꺾지 말라.

⑨ 아이와 무관한 어른들의 세계가 있다는 걸 알게 하라.

⑩ 내가 싫어하는 것을 아이도 싫어할 것이라고 단정하지 말라.

이 규칙을 만든 주인공은 미국의 작가 수전 손택Susan Sontag이다. 생전에 작가, 비평가, 사회운동가 등으로 왕성히 활동했던 그녀는 1959년 20대 중반 나이에 육아의 10가지 규칙을 정리했다. 그녀가 이혼한 것도 같은 해이다.

60여 년 전의 육아 지침이지만 여전히 교훈적인 대목이 많다. 이 규칙을 보면 자녀를 존중하려는 노력을 중점에 두고 있다는 점을 알 수 있다. 수전 손택은 아이의 생각도 인정해 주려고 노력했다. 아무리 유치하더라도 아이의 환상을 있는 그대로 받아들여야 한다고 강조했다. 아이는 아이대로 자신만의 정신세계가 분명히 있는데, 이 부분을 간과하지 말라는 것이다. 아이가 재미있게 보는 만화책을 두고 "너무 유치하던데 뭐가 그렇게 재밌니?"라고 말하는 건 아이에게 큰 상처가 된다. 그와 같은 맥락으로 내가 싫어하는 것을 아이도 싫어할 거라고 단정하지 말아야 한다. 사람의 취향은 세상의 인구수만큼이나 다양하다. 서로 다른 존재이므로 다른 취향을 가질 수밖에 없다. 그런데도 부모들은 너무 쉽게 아이의 취향을 무시하거나 깎아내리는 잔소리를 하곤 한다.

"이 만화가 재밌어? 너무 유치하던데? 하긴 넌 아직 어리니까 그럴 수도 있겠구나."
"아빠는 그 영화 재미없던데? 짜임새도 없고 주제 의식도 별로야. 네가 보기에도 별로지?"

우리 부부도 아이에게 이런 식의 잔소리를 하곤 했다. 아이의 취향을 비판하려는 의도보다는 아이가 좀 더 수준 높은 콘텐츠를 보고 생각을 다졌으면 하는 바람에서 한 말이었다. 물론 지금 와서 생각해 보면 그건 오지랖이었다. 아이가 좋아하는 것은 그대로 인정해야 한다. 부모의 취향과 가치관을 개입시키면 안 된다. 아이의 취향에 간섭하는 건 아이의 자유롭고 창의적인 생각을 일정한 틀 안에 가두는 꼴이다.

"솔직히 네가 좋아하는 이 만화가 아빠 취향은 아닌데 이상하게 재밌더라. 자꾸 읽으니까 이 만화의 매력이 뭔지 알겠어."

"엄마는 그 영화가 썩 재밌지는 않았는데 너는 재밌게 봤나 보네. 사람은 다양한 취향을 갖고 있으니까 당연한 일이야. 그렇게 다른 취향을 갖고 있으니 같은 영화를 보고도 많은 대화를 나눌 수 있는 거야."

아이보다 부모가 우월하고 수준 높은 취향을 가졌다는 착각에서 벗어나야 한다. 취향은 수시로 변하고 나이를 먹어감에 따라 성숙해진다. 따라서 조급하게 아이의 취향을 평가하려 하지 말고 아이가 나쁜 콘텐츠에 노출되지 않도록 지도하기만 하면 된다.

남편을 흉보지 말아야 한다는 항목도 눈길을 끈다. 아무리 미운 남편이라도 내 아이의 아버지다. 남편을 욕하는 건 아이 정체성 중 절반을 비방하는 것과 같다.

"네 아빠는 또 왜 저러니? 넌 절대 그러면 안 돼."

"네 엄마는 참 이상한 사람이야. 이해할 수가 없어."

아무리 화가 나더라도 아이에게 직접적으로 부모를 욕해서는 안 된다. 아이는 아슬아슬한 가정 분위기에 불안함을 느끼고 부모에 대한 불신을 가진다. 적어도 아이 앞에서는 부모를 긍정적으로 평가해야 한다.

"솔직히 엄마는 아빠의 결정을 납득할 수는 없지만, 지금 이 상황에선 그게 최선이라고 생각해."

"엄마가 또 화가 났구나. 엄마한테도 분명한 사정이 있을 거야."

배우자가 이해할 수 없는 행동을 하거나 결정을 내린다면 그건 부부끼리 해결할 문제지 아이 앞에서 상대를 비난하고 무시할 일이 아니다. 그건 아이에 대한 예의이기도 하다. 아이가 어느 한쪽의 부모를 무시하거나 얕보지 않고 믿음과 신뢰를 가질 있도록, 그리고 가정에서 편안함과 안정감을 느낄 수 있도록 환경을 만들어주는 건 부모의 의무다.

이번 주에는 용돈 없을 줄 알아
엄마 아빠도 돈 버느라 고생이 많단다

아빠: 방 정리 좀 해. 이래서야 공부가 되겠니?

아이: 알아서 할게요. 그리고 여긴 내 방이에요. 함부로 들어오지 마세요.

아빠: 뭐? 내 방? 아빠 집인데 아빠가 맘대로 들어오지도 못해?

아이: (어이없다는 표정)

농담처럼, 혹은 정말 화가 나서 아이에게 이런 식으로 말해 본 적이 있을 것이다. 부모는 대체로 4가지의 통제 방법을 사용한다. 첫 번째는 칭찬이다. 초등학교 입학 전까지 아이들은 부모의 칭찬 한마디를 간절히 원한다. 그래서 "이를 깨끗이 닦으니 눈이 부시네." "밥 잘 먹으니까 너무 예쁘다." 같은 칭찬으로 아이의 행동을 유도한다.

두 번째는 논리적인 설명이다. '이것은 이렇게 해야 한다'는 논리로 아이를 설득하는 것이다. "밖에 나갔다 집에 오면 반드시 손을 씻어야 해. 안 그러면 바이러스에 쉽게 감염될 수 있어." "어른들을 보면 인사를 해야지. 그게 예의야."

세 번째는 권위를 내세우는 방법이다. "어디 감히 엄마한테!"라고 윽박지르면서 압력을 가한다.

네 번째는 경제권 행사다. 아이의 성적을 올리거나 올바른 생활 태도를 가르치기 위해 경제적 보상을 하거나 제재를 가해서 아이를 통제한다. 이 통제법은 나이에 따라 적용되곤 한다.

아이의 연령	부모의 주된 통제 방법
초등학교 입학 전까지	칭찬 "우리 아들 착하다."
초등학교 저학년	논리 "그렇게 해야 옳은 거야."
초등학교 고학년	권위 "엄마한테 왜 말을 그렇게 해?"
중학교 이상	경제권 "이번 주는 용돈 없다."

중학생이 된 아이가 말을 안 듣거나 아이의 태도가 마음에

안 들 때 부모는 자신의 권위가 도전받았다고 생각하여 경제적 제재라는 수단을 꺼내들며 잔소리를 한다.

"이번 주에는 용돈 없을 줄 알아."
"아빠가 당장 회사를 그만두면 어떻게 될 것 같니?"

경제권 행사는 아이의 행동을 통제하는 방법 중 마지막 카드다. 더 이상 아이에게 내밀 카드가 없다는 뜻이다. 그래서 강력하기도 하다. 용돈을 주지 않겠다는 말에 아이는 고개를 숙일 수밖에 없다. 하지만 이건 마음에서 우러나는 행동이 아니다. 그러니 자신이 비굴하다는 느낌을 받을 것이다. 아직 어려서 해결할 수 없는 문제를 가지고 아이에게 무언가를 요구하는 행위는 좋지 않다. 이럴 때는 부모의 역할에 대한 고단함을 어필하는 동시에 공감을 유도하는 잔소리를 하면 좋다.

"학교생활이나 공부 때문에 스트레스 많이 받지? 힘들고 지칠 거야. 엄마도 다 겪어본 일이니까. 하지만 엄마도 직장생활이 만만치 않아. 상사 눈치 보고 가끔은 무능력하다는 핀잔도 듣지. 자존심이 얼마나 상하나 몰라. 솔직히 그럴 때마다 그만두고 싶지만 꾹 참아. 너와 우리 가정의 미래를 위해서."

엄마 아빠도 노력은 하지만 돈 벌기가 쉽지 않다는 걸 솔직하게 털어놓으면 아이도 부모의 고단함에 머리를 숙인다. "너 공부 시키려고 엄마 아빠가 얼마나 고생하는지 알기나 하냐?"라고 다그치는 게 아니라 부모의 상황에 대해 솔직하게 말하고 공감해 달라고 부탁하는 잔소리이기 때문에 아이는 마음을 열 수밖에 없다. 그리고 자신의 상황을 이해받았다는 생각에 기분이 좋아진다. 이런 잔소리는 가족을 단합시키고 집안 공기를 평화롭게 만든다. 잔소리가 시끄럽기만 한 것은 아니다.

이 규칙은 반드시 지켜
어떤 규칙을 세우면 좋을까?

아이에게는 명령보다 규칙을 정해 지키게 해야 한다. 그런데 규칙을 잘 지키게 하려면 어떻게 해야 할까? 부모가 흔하게 의존하는 것은 으름장 잔소리다.

"규칙은 꼭 지켜야 해. 규칙을 어기는 건 아주 나쁜 행동이야."
"규칙을 어기면 권리도 잃는 거야. 알지?"

이런 말을 들으면 기분 좋을 사람은 하나도 없다. 겁을 주는 말이기 때문이다. 아이가 기꺼이 규칙을 따르게 하는 방법이 있다. 아이와 함께 규칙을 정하는 것이다.

"하루 공부 규칙을 같이 세워보자. 학원까지 다 다녀오고 난 뒤에 어떻게 공부할지에 대한 규칙이야."

"네가 먼저 게임 시간에 대한 규칙을 정해봐. 그걸 보면서 같이 이야기 나눠보자."

하지만 대부분의 아이들이 규칙 만들기를 어려워한다. 그렇다면 부모가 먼저 가이드라인을 정해주고 아이에게 의견을 묻는 방법이 있다.

"게임 시간은 하루에 2시간을 넘으면 안 된다고 생각해. 네 생각은 어때?"

"게임을 한 번에 2시간을 할 건지, 아니면 1시간씩 나눠서 2시간을 할 건지 네 의견을 말해봐."

아이에게 자율성을 주면서 자신의 말에 책임을 지게 유도하는 규칙 같이 만들기 방법은 매우 효과적이다. 물론 규칙이 정해지면 무슨 일이 있어도 지킬 수 있도록 부모가 엄격히 관리해야 한다. '오늘은 네가 시험을 잘 봤으니까.' '오늘은 아빠 기분이 좋으니까.'라는 식으로 예외를 자꾸 만들면 규칙은 아무런 의미가 없다.

'이 규칙은 반드시 지켜라.'라고 강요하는 건 아무리 옳은 규칙이라도 지키기 싫어진다. 부모는 규칙을 정하고 강제하는 사람이 아니라 아이가 자기 생활을 스스로 계획하고 지켜나갈 수 있도록 옆에서 도움을 주는 서포터일 뿐이라는 점을 반드시 기억해야 한다.

너는 이것밖에 못하니?
올라갈 점수가 있어서 다행이야

학원에서 시험을 본 아이가 또 70점을 받았다. 부모는 따끔하게 따져 묻고 싶을 것이다.

"넌 왜 이것밖에 못하니?"
"열심히 한다고 약속해 놓고 70점이 뭐야?"
"어떻게 되려고 이래, 진짜?"

우리 부부도 비슷한 말로 아이를 야단친 적이 있다. 아이는 울었고 우리 부부는 눈물을 보면서도 그렇게 따끔하게 혼나고 눈물을 흘릴 만큼 상처를 받아야 교육적인 효과가 있다고 생각했다. 물론 부모가 아이를 야단칠 수는 있다. 혼내다 보면 아이가 눈물을 흘리는 일도 다반사다. 하지만 적어도 아이가 자존심에 상처를 받아서 울게 해서는 안 된다. 아이를 무시하는 말로 아이의 태도를 개선할 수 있을 것이라는 생각은 당장 버려야 한다. 아이의 마음에 깊은 상처를 남기는 부모의 잔소리에는 세 가지 유형이 있다.

[부모의 자녀 무시 세 가지 유형]

무시의 종류	예시
능력 무시	넌 왜 이것밖에 못하니? 70점이라니, 넌 창피하지도 않아? 어디 계속 그렇게 해봐. 나중에 네 미래가 어떻게 되는지.
감정 무시	왜 울어? 뭘 잘했다고 울어? 사람들 앞에서 발표하는 게 왜 무서워? 그게 뭐 어렵다고? 남자 애가 그렇게 마음이 약해서 뭐에 쓰니?
존재 무시	엄마한테 거짓말을 하다니, 너 참 나쁜 아이구나. 너는 뭐가 되려고 그러니? 너는 누굴 닮아서 이러니?

읽기만 해도 마음이 서늘해지는 말이다. 하지만 부모들은 화가 치밀어 오르면 이런 말을 입에 올린다. 감정을 조절하지 못하고 자신의 분노를 아이에게 퍼붓는 것이다. 아이의 잘못한 점을 차분하게 이야기하거나 왜 아이가 이런 행동을 했는지 경

위를 파악하려 하기보다 자신의 감정에만 충실한 것이다. 이런 잔소리는 아이의 마음에 상처를 남긴다. 부모에게까지 무시당하고 인정받지 못하는 아이가 어떻게 자신감 있게 살아갈 수 있겠는가.

그러니 아이의 능력을 무시하는 잔소리를 공감의 잔소리로 고쳐야 한다. 아이에게 실망한 내 감정보다 자신에게 실망했을 아이의 감정을 먼저 위로해 주는 것이다.

"점수가 떨어져서 너도 기분이 안 좋았겠구나. 아빠도 그런데 너는 더 하겠지."

"이번에 네가 얼마나 많은 노력을 했는지 엄마가 잘 알아. 그래서 너도 많이 실망했을 거야. 하지만 다음에 기회가 또 있잖아. 너무 슬퍼하지 마."

하지만 위로만으로는 부족하다. 아이가 마음을 다잡고 다시 시작할 수 있게 용기를 주어야 한다.

"점수가 떨어져서 너도 기분이 안 좋았겠구나. 아빠도 그런데 너는 더 하겠지. 하지만 너무 기죽지 마. 올라갈 점수가 있는 거잖아."

"노력을 많이 했는데 결과가 좋지 않으면 정말 실망스럽지. 하지만 그렇다고 여기서 물러서면 안 되겠지? 자, 다음에는 어떻게 하면 점수를 올릴 수 있을지 엄마랑 같이 얘기해 보자."

아이를 충분히 위로해 준 뒤 희망을 주면 아이들도 우울한 기분에서 빨리 벗어난다. 제일 가까운 사람의 위로만큼 힘이 되는 것은 없다. 아이의 감정을 이해할 수 없더라도 그것을 있는 그대로 받아들여 주는 것도 중요하다.

"친구들 앞에서 네 생각을 발표하는 게 무섭구나. 그래, 그게 좀 떨리지. 그럼 친구들을 모두 인형이라고 생각해. 그렇게 생각하고 발표를 하다 보면 점점 용기가 생길 거야."

"남자가 울면 좀 어때? 남자는 눈물샘이 없나? 너의 감정에 충실하고 솔직하다는 증거니까 부끄러워하거나 숨길 필요 없어."

아이의 존재를 무시하는 잔소리로 마찬가지다. 공감 후 해결책을 제시하면 된다.

"오늘 거짓말한 거 들켜서 선생님한테 혼났다고? 사실 거짓말을 한 번도 안 하고 사는 사람은 없지. 하지만 하지 않으려고 노력하는 태도는 중요해."

"너 요즘 책을 잘 안 읽더라? 사실 엄마도 어렸을 때 그랬어. 하지만 지금은 많이 읽잖아. 어느 순간, 책처럼 좋은 취미가 없다는 생각이 들더라고. 그런 순간이 올 때까지 책을 손에서 놓지만 않았으면 좋겠어."

부모에게 무시당한 아이는 밖에서 무시를 당해도 속수무책으로 당하고 만다. 자신감이 없고 자존감이 낮기 때문이다. 어디서나 당당하고 적극적인 아이로 키우고 싶다면 아이의 감정, 능력, 존재 자체를 사랑하고 받아들여야 한다. 존중받고 자란 아이는 내면의 힘이 강해져서 어떤 일이 있어도 쉽게 흔들리지 않는다.

10장

아이의 언행을 바꾸는 잔소리

부모에게 무례하게 굴지 마

엄마 아빠한테 차분하게 말해봐

요구는 구체적으로 하고 기대는 추상적이어야 한다. 아이와 부모가 모두 편해지는 말하기 원칙이다. 부모의 요구가 구체적이지 않고 추상적이면 갈등 가능성이 높아진다.

"부모에게 무례하게 굴지 마."

"공부 열심히 해라."

누구나 흔하게 하는 잔소리다. 하지만 이런 잔소리는 영혼이 없다. 추상적이고 포괄적이라서 잔소리 효과가 낮다. '무례하게 구는 태도'가 무엇인지, '열심히 한다'는 게 무엇인지 구체성이 빠져 있다. 구체적이고 폭이 좁은 잔소리를 해야 한다.

"엄마 아빠한테 차분하게 말해봐."

"어른이 말씀하실 때는 끝까지 듣는 게 예의야."

"숙제는 반드시 해야 해."

"컴퓨터와 스마트폰은 꺼놓고 책 읽어."

부모나 어른들에게 예의 지키는 방법을 구체적으로 제시하고 있다. 그리고 좋은 생활 태도에 대해서도 명시하고 있다. 아이로서는 부모의 지시가 무엇인지 명확하니까 따르기 한결 편하다.

또 다른 예를 들어보자. 아이가 친구들과 사이좋게 지내길 바라는 부모는 보통 이렇게 말한다.

"친구들과 잘 지내."

그런데 '잘 지낸다'는 게 어떤 의미일까? 대화를 많이 한다는 뜻일까? 아니면 절대 싸우지 않는다는 걸까? 아이가 명확하게 인식할 수 있도록 구체적인 방법을 알려줘야 한다.

"친구의 이야기는 정성껏 들어줘야 해."

"친구에게 진심 어린 칭찬을 해줘."

"네가 듣고 싶은 말을 친구에게 해줘."

추상적인 지시는 모호하지만 구체적인 지시는 명확하고 선명하다. 좋은 잔소리의 요건 중 하나는 선명성이다. 구체적으로 잔소리하면 아이의 이해는 선명해진다.

요구는 구체적인 게 좋지만 자녀에 대한 기대는 추상적인 게 좋다. 구체적인 기대와 추상적인 기대를 비교해 보자. 먼저 구체적인 기대다.

"우리 아이가 1등을 했으면 좋겠어."

"우리 아이가 일류대학에 꼭 합격했으면 좋겠어."

자녀에 대한 기대가 구체적이면 실망과 괴로움이 커질 우려가 있다. 반면 기대가 추상적이면 부모의 말과 생각이 유연해진다.

"우리 아이가 성실하게 공부하는 아이로 자랐으면 좋겠어."

"자기 삶을 사랑하는 아이가 되었으면 해."

"중요한 것과 중요하지 않은 걸 구별하는 아이가 되길 바라."

"현재보다 미래의 만족을 중시하는 아이가 되라고 항상 기도해."

이런 추상적인 기대를 품으면 아이가 1등을 하지 못해도 크게 실망하지 않는다. 경직된 부모는 얕고 뻣뻣한 아이를 키우고 부드러운 부모는 아이의 마음이 깊고 유연해지게 돕는다.

너는 네 감정도 몰라?
감정은 고장 난 신호등이야

우리 아이는 가끔 감정 함구증을 보였다. 자기감정을 숨기고 입을 닫는 것이다. 선물받은 장난감이 마음에 드는지 아닌지, 학교 가는 게 설레는지 걱정스러운지, 오랜만의 외식이 기쁜지 아닌지 말하지 않는 아이 때문에 우리 부부는 가끔 답답하고 속상했다. 특히 아내는 안절부절하며 아이 마음을 열기 보려고 이런 말을 하기도 했다.

"네 감정이 어떤지 왜 얘기를 못해?"

"너는 어떻게 네 마음도 모르니?"

많은 부모들이 아이에게 하는 말이다. 얼핏 들으면 문제가 없어 보이기도 한다. 하지만 이 흔한 잔소리는 합리적이지 않다. 이치에 맞지 않는 잔소리다. '네 감정도 모르냐'는 힐난은 전제부터가 틀렸다. 원래 사람은 자기감정을 분명히 알기 어렵다. 감정은 고장 난 신호등이다. 순서도 없고 시도때도 없이 신호가 안 들어오기도 하고 두세 개씩 섞여서 켜지기도 한다.

가령 두려움과 용기는 반대 감정인데도 마음속에 동시에 공존한다. 무대에 처음 오르는 무용수는 두려운 마음도 있지만 용기를 내서 춤을 춘다. 전혀 다른 감정을 오가는 것이다. 부모도 감정의 혼란을 경험한다. 아이가 귀엽고 사랑스럽다가 때로는 무섭거나 싫기도 하다. 갓난아기가 특히 그렇다. 새근새근 잘 때는 천사인데 깨어나면 그렇게 겁이 날 수가 없다. 잠도 자지 못한 채 끊임없이 먹고 씻기는 노동을 해야 할 때는 탄식을 하게 된다.

이렇듯 인간의 감정은 언제나 복잡하다. 모순적인 감정들이 얽히고설킨다. 아이들이 자기감정을 표현하지 못하는 이유다. 이를 테면 마음속 감정 신호등에 빨강과 파랑 신호가 켜져 있는데, 노랑이 깜빡깜빡하기 때문에 감정 표현을 못하는 것이다. 고장 난 신호등처럼 인간의 감정은 모순적이고 복합적이다. 그렇게 이해해야 아이에게 상처 주는 잔소리를 하지 않는다. 그런 사실을 가르쳐주면 아이의 감정 지능을 높일 수 있다.

"왜 그런 표정이야? 아, 너 지금 설레면서도 걱정되는구나."

"사람 마음은 모순적이야. 좋으면서 싫을 수 있어. 원래 그런 거야."

"피자를 먹으면 좋겠는데, 그러면 치킨을 포기해야 해서 아쉬운 거구나?"

아이들에게 감정 어휘를 가르치는 건 중요하다. 슬프다, 불안하다, 기쁘다, 설레다, 사랑하다, 미워하다, 답답하다, 후련하다, 좋다, 싫다 같은 어휘는 깜깜한 자기 마음을 밝히고 선명하게 표현하는 중요한 어휘들이다.

그런데 감정이 발달하면서 아이들은 곧 좌절감을 겪는다. 마음속에 여러 감정이 뒤섞여서 이해하거나 표현하기 어려운 상황이 많아지기 때문이다. 그럴 때 감정 교육을 시작해야 한다. 감정은 모순적이고 복잡하다는 것, 즉 감정은 원래 고장 난 신호등 같은 것이라고 알려주는 것이다. 그러면 아이는 자신과 세상 사람들에 대한 이해를 정교히 다져가기 시작한다.

엄마 말을 잘 들어야 착한 아이야
이럴 때는 어떡해야 할까?

부모 말을 들으면 아이는 쉽게 많은 것을 얻는다. 규칙을 지킬 줄 알게 되고 자신을 통제하는 능력도 얻게 된다. 하지만 지나치게 부모의 말에 순응하다 보면 수동적이고 소극적인 아이로 자랄 위험도 있다. 부모들은 흔히 이렇게 말한다.

"엄마 말 잘 들어야 착한 아이야."
"너는 왜 네 마음대로니? 아빠 말 안 듣는 나쁜 아이가 될 거야?"

아이가 부모 말을 잘 따르면 아이도 편하고 부모도 편하다. 하지만 다른 사람들과의 관계에서도 그런다면 어떨까? 누가 어떤 말을 해도 그 말에 순종한다면? 친구와의 관계에서도 일방적으로 친구 말을 따르고 친구가 하고 싶은 대로 끌려다니기만 한다면? 아마 걱정이 앞설 것이다. 나중에 연애를 할 때도 마찬가지다. "좋아요, 당신이 하라면 뭐든 할게요"라며 일방적으로 희생만 하거나 직장에서도 "예, 팀장님 말씀은 조건 없이 따르겠습니다"라고 반응한다면 어떨까? 이런 어른이 되길 원치 않는다면 어렸을 때부터 자기 의견을 적극적으로 이야기하고 때로는 반항할 줄도 아는 아이로 키워야 한다.

"아빠 말을 존중해 주는 좋아. 하지만 항상 따라야 하는 건 아니야.
너도 따르기 싫을 때가 있을 텐데, 그럴 때는 이유를 말해주면 돼."
"엄마는 이럴 때는 어떡해야 할지 모르겠어. 네 생각은 어때?"
"이 문제에 관해선 너도 생각이 있을 거야."

무조건 순응하는 게 아니라 의문을 갖는 아이가 이상적이다. 다음 대화를 보자.

엄마: 어른들에게 말대꾸하면 안 돼.
아이: 왜요?
엄마: 버릇 없는 행동이니까.
아이: ① 알았어요. 엄마 말씀이니까 믿고 따를게요.

② 나도 내 생각이 있는데 그걸 다 말대꾸라고 하면 안 되죠. 엄마 생각은 어때요?

①번 아이처럼 순종하면 부모는 기쁘다. 무엇보다 육아가 편해져서 기분이 좋다. 반면 ②번 아이처럼 의문을 제기하는 아이는 편치 않다. 어떻게든 답하고 설득해야 하니까 육아가 힘들어진다.

①번 아이는 생각을 멈추겠다고 말한 것과 같다. 자신은 생각 생산의 스위치를 끄고 엄마의 생각을 따르겠다는 뜻이고, ②번 아이는 자기 생각을 계속하겠다는 의지를 밝혔다. 엄마의 주장을 듣고 타당한지 평가해 보겠다는 뜻이다. 어느 쪽이 나을까? 어느 쪽 아이의 사고가 더 깊어질까?

아이가 순종하지 않는 건 넘치는 창의성 때문일 수 있다. 관습과 규칙이 가둘 수 없는 창의적 에너지가 아이에게 해로울까? 아니다. 밝은 미래를 열어줄 수도 있다. 그러니 아이가 부모 말을 듣지 않는다고 크게 걱정할 필요는 없다. 오히려 너무 순종적인 아이를 염려하는 게 맞다.

너는 일류대학에 꼭 가야 해

네가 행복할 수 있는 길을 찾으면 돼

부모는 이중적이어야 유능하다. 세속적이면서도 이상주의적이어야 한다. 부모는 세속적 가치와 이상적 가치 모두를 포기할 수 없다. 부모의 이중성은 아이의 공부 문제에서 가장 확연히 드러난다. 부모는 자녀가 이른바 일류대학에 가야 행복하게 산다고 믿는다. 적어도 그럴 가능성이 높아진다고 생각한다. 그래서 공부하라고 매일매일 잔소리를 퍼붓는다. 하지만 많은 아이들이 어렵고 괴로운 공부에 몸서리를 친다. 그러다 보니 부모와 아이 관계는 늘 부딪힌다. 부모와 아이의 관계가 틀어지는 이유 중에 공부가 가장 큰 비율을 차지할 것이다.

사실 아이들은 괴롭혀야 공부를 한다. 편안하게 내버려 두면 아이들은 공부하는 고통을 버린다. 그러니 그런 아이들을 공부시키려면 허구한 날 소리치고 등짝을 때리고 겁을 줘서 공부하게 만들어야 한다.

그런데 그렇게 세속적인 면만 가진 부모가 되면 안 된다. 거기에 이상이 뒤섞여야 한다. 이른바 일류대학이나 대기업이 아니어도 행복의 길은 얼마든지 있다고 생각해야 한다는 뜻이다. 그러니 마음속으로 이렇게 생각하는 게 정신건강에 좋다. '지금은 일류대학에 가라고 아이에게 잔소리를 하고 있지만, 합격하지 못해도 행복의 길은 얼마든지 있어.'

사실 부모들이 생각하는 행복의 조건은 낡고 전근대적이다. 일류대학 합격, 대기업 취직, 결혼, 자녀 갖기. 이 조건을 모두 갖춰야 자녀가 행복하다고 믿는 게 대부분의 부모가 갖는 생각이다.

정말 그럴까? 21세기는 라이프 스타일이 다양화되고 가치와 의미는 개인화되는 시대다. 어렵게 들어간 대기업도 자신의 가치관이나 인생관과 맞지 않으면 한달 만에 뛰쳐나오는 세상이다. 예전에는 사회적 비난의 대상이었던 이혼, 비혼, 비출산이 이제는 개인의 선택이 되었다. 아이들에게도 이처럼 세속적인 가치와 이상적인 가치를 모두 강조해야 한다.

"열심히 공부해야 돼. 이 세상은 학벌중심 사회야. 좋은 대학교에 진학하는 게 정말 중요해."
"공부 실력이 부족하면 세상이 너의 가치를 인정하지 않을 거야. 무시할 수도 있어. 취직하기도 어려울걸. 그러니 지금은 힘들어도 꾹 참고 공부해야 해."

이런 잔소리를 들으면 아이들은 일부 수긍하면서도 피로감을 느낄 것이다. 그러니 우리 사회의 편견을 깨는 다양한 가치관을 보여주고, 그 안에서 공부란 어떤 의미인가를 알려주는 잔소리가 아이들에게는 더 효과적이다.

"그런데 좋은 대학에 가야만 행복한 건 아니야. 행복의 길은 많거든. 만족하고 감사하고 사랑하면서 살면 누구나 행복할 수 있어. 걱정하지 마. 너에게는 수많은 길이 열려 있어. 그 다양한 길에서 너의 행복을 제대로 찾으려면 지금 이 순간 충실하게 공부하는 게 큰 도움이 될 거야."

미래의 꿈에 대한 질문도 두 가지 유형이면 좋다.

"너는 커서 뭐가 될 거니?"
"너는 커서 어떤 사람이 될 거니?"

첫 번째 질문은 직업 선택에 관한 질문이고, 두 번째 질문은 삶의 가치나 태도에 대한 질문이다. 이 두 가지 질문에 각기 알맞게 답할 줄 아는 아이가 장차 행복한 삶을 살 수 있다. 그 기초공사는 세심하게 계획된 잔소리다.

제발 책 좀 읽어
엄마는 그 부분이 정말 감동적이었어

부모들이 빼놓지 않는 유서 깊은 잔소리가 있다.

"TV만 보지 말고 책 좀 읽어!"
"게임 그만하고 책 좀 읽어!"

이런 잔소리가 전혀 효과 없는 잔소리는 아닐 것이다. 부모의 눈총에 못 이겨 한 번쯤은 책을 읽을 테고, 그러다 보면 간혹 독서의 즐거움을 느껴 책을 가까이 하는 경우도 있으니 말이다. 하지만 그럴 가능성이 높지는 않다. 억지 독서는 즐거울 수 없기 때문이다. 음식은 먹고 싶을 때 먹어야 가장 맛있고, 책은 읽고 싶을 때 읽어야 가장 재미있기 마련이다. 아이 스스로 책을 읽게 만들려면 정교한 잔소리가 필요하다. 경험담을 담아 독려하는 방법이다.

"아빠는 초등학교 때 겁이 참 많았어. 그런데 《피터팬》을 읽고 모험을 떠나고 싶은 마음이 생겼지. 그리고 《보물섬》에는 해적과 싸우는 소년이 등장하잖아. 그 용감한 소년 짐 호킨스가 아빠의 우상이었어. 그 책들을 읽지 않았다면 아빠는 아직도 겁쟁이 울보였을지도 몰라."

엄마가 독서를 통해 고민을 극복하고 성장했던 이야기, 아빠 친구 아들이 책을 읽고 멋있는 청년으로 자란 이야기 등을 들려주면 된다. 독서가 사람을 긍정적인 방향으로 바꾼다고 믿게 되면 아이도 서서히 책에 관심을 가질 것이다.

질문성 잔소리도 독서 권유에 활용할 수 있다. 책을 읽고 있거나 다 읽은 자녀에게 흥미로운 질문을 던지는 것이다.

"엄마는 성냥팔이 소녀가 왜 죽어야 했는지 정말 궁금해. 그 어린 소녀를 왜 아무도 도와주지 않았을까?"

"아빠는 이 책을 읽고 질문이 하나 생겼어. 방귀를 크게 뀐다고 며느리를 쫓아내는 사람이라니, 좀 이상하지 않아?"

책과 관련해서 아이와 함께 이야기 나누고 싶은 질문을 하면 아이는 책 읽는 재미를 느낄 수 있다. 물론 질문의 수준은 차츰 높여가야 한다. 처음에는 아이들이 흥미를 느낄 만한 쉽고 재미있는 질문을 던져야 한다. 부모의 솔직한 독서 감상도 아이에게 큰 도움이 된다.

"아빠가 이 책을 읽고 느낀 건 뭐냐면…."

"엄마는 이 책이 너무 감동적이었어. 왜냐면…."

"이런 말도 안 되는 일이 왜 일어났는지 정말 궁금해."

"이 낱말의 뜻은 뭘까? 엄마는 잘 모르겠던데 너는 알아?"

이런 대화를 나누며 자란 아이는 책을 보는 눈이 달라진다. 책 속에 온갖 생각과 지식과 정보와 재미가 숨어 있다는 걸 깨닫는다.

모두 알다시피 책 읽는 아이로 키우고 싶다면 잔소리만으로는 절대 부족하다. 부모도 책상 앞에 앉아 아이와 같이 책을 읽고 이야기를 나누는 것만큼 효과적인 방법은 없지 싶다. 아이는 부모와의 대화 속에서 자란다.

넌 왜 그렇게 산만하니?
네가 타고 있는 투명 코끼리를 잘 조종해 봐

아이가 끈기가 없고 한 자리에 오래 앉아있지 못하면 부모는 정신 사납다며 잔소리를 늘어놓는다.

"너 때문에 정신이 하나도 없어. 왜 이렇게 왔다 갔다 하니?"

"왜 이렇게 산만해? 그러니까 뭐 하나 제대로 못하지."

우리 아이도 초등학교 저학년 때 한동안 아주 산만했다. 책을 읽기 시작한 지 10분도 채 안 되었는데 자리에서 벌떡 일어나 여기저기 돌아다니고 과자를 집어 먹다가 장난감도 갖고 놀고 다시 자리에 앉아 책을 읽다가 다시 벌떡 일어나 물을 마시고…. 우리가 야단을 치면 정신을 되찾은 듯 깜짝 놀라서 다시 책상에 앉았지만 10분 정도 지나서 다시 딴짓을 했다. 마치 10분 주기로 아이의 몸에서 영혼이 빠져나는 것 같았다. 우리 부부는 너무 걱정스러워서 아이에게 잔소리를 많이 했다.

"넌 엉덩이가 왜 그렇게 가볍니? 스스로를 통제하지 못해? 이건 큰 문제야."

아이를 탓하기는 했지만 사실 나도 그랬다. 책을 읽거나 글을 쓰다가 어느 순간 자리에서 일어나 집 안을 배회했다. 머릿속으로는 여행 가는 생각, 로또 당첨되는 상상, 오늘 저녁에 무엇을 먹을지 등의 계획을 세우면서 이리 갔다 저리 갔다 쉬지 않고 움직였다. 일부러 그런 것도 아니다. 나도 모르게 몸과 마음이 멋대로 움직였다. 마치 누가 나를 조종하는 것 같았다.

실은 많은 사람들이 이런 상황을 겪어봤을 것이다. 사람들은 모두 고집 센 코끼리를 타고 있어서 산만해질 수밖에 없다.

'코끼리를 탄 사람'은 미국의 심리학자 조너선 하이트 Jonathan Haidt가 쓴 책 《조너선 하이트의 바른 행복 The Happiness Hypothesis》에 나오는 개념이다. 인간은 코끼리를 통제하고 싶어 한다. 움직이는 속도와 방향을 자신이 결정하고 싶어 한다. 그런데 코끼리는 감정적이고 본능적이다. 사람의 지시를 따를 때도 있지만 수틀리면 자기 마음대로 가고 싶은 곳으로 가는데, 그럴 때는 인간도 어쩔 수 없다.

책을 읽는 우리도 모두 코끼리를 타고 있다. 1분이나 읽었을까? 정신은 이미 다른 곳으로 간다. 다리가 몸을 일으켜 여기저기 데리고 다니기도 한다. 인간은 의식이고 코끼리는 무의식이다. 의식이 무의식에 휘둘리듯이 인간도 때때로 코끼리가 원하는 대로 끌려 다닐 수밖에 없는 것이다.

물론 의식을 단련해서 자기 통제력을 높일 수는 있지만 오랜 시간이 걸린다. 아이들에게 필요한 것은 충분한 시간과 실패의 경험이다. 어른들이 그렇듯이 아이들도 자신을 통제하기 어렵다. 아이는 자기 멋대로인 코끼리를 타고 있다. 그래서 오래 집중하지 못하고 몸과 마음이 돌아다닌다. 밥 먹다가 TV에 정신을 쏟고, 이러저리 뛰어다니고, 부모의 부탁과는 정반대로 행동한다. 아이가 아니라 코끼리 잘못이다.

아이가 코끼리를 타고 있다고 생각하면 잔소리를 줄일 수 있다. "넌 왜 아무 생각 없이 행동하니?" "엉덩이가 왜 그렇게 가벼워?"라며 비난하지 않을 수 있다. 대신 이렇게 말할 수 있을 것이다.

"너는 네가 코끼리 위에 앉아 있다는 거 아니? 그 코끼리는 자기 마음대로 돌아다니려고 해. 보이지 않는 그 투명 코끼리를 잘 다스려야 편안하고 안정적인 사람이 될 수 있어. 우리 같이 노력해 볼까?"

아이에게 아픈 잔소리를 하기 전에 먼저 비유로 설득할 수는 없는지 생각해 보는 게 좋다. 아이에게 호소력 높은 동물 비유는 많다. 쉽게 화를 내는 아이는 '황소에 올라탄 아이'라고 비유하면 된다. 겁이 많이 아이는 '숲속에 숨어 사는 어린 사슴'과 비슷하고, 독립심 강한 아이는 '도도한 고양이'에 비유할 수 있다. 또 아이가 지금은 어려움을 겪지만 훌륭하게 성장할 수 있다고 알려주려면 '아름다운 나비'에 비유하면 되고, 느리지만 꾸준한 아이는 '인내심 많은 거북', 시야와 생각이 넓은 아이는 '멀리 보는 기린'에 비유할 수 있다. 이런 다양한 동물 비유를 통해서 아이는 자신의 강점과 단점을 스스로 깨닫게 될 것이다.

내 아이 살리는 잔소리 죽이는 잔소리

초판 1쇄 발행 2023년 5월 15일

지은이 정재영, 이서진
펴낸이 정덕식, 김재현
펴낸곳 (주)센시오

출판등록 2009년 10월 14일 제300-2009-126호
주소 서울특별시 마포구 성암로 189, 1711호
전화 02-734-0981
팩스 02-333-0081
전자우편 sensio@sensiobook.com

디자인 김미성(섬세한 곰 bookdesign.xyz)

ISBN 979-11-6657-104-6 03590